中國美術分類全集

中國建築藝術全集

15

道教建築

中國建築藝術全集編輯委員會 編

《中國建築藝術全集》編輯委員會

凡例

一 《中國建築藝術全集》共二十四卷，按建築類别、年代和地區安排，力求全面展示中國古代建築藝術的成就。

二 本書爲《中國建築藝術全集》第十五卷《道教建築》。

三 本書圖版按地圖地名順序排列，記述了中國南北具有代表性的道教宫觀選址、平面布局、空間構成、建築形制、建築造型、都市宫觀、山地宫觀、道塔及道教石窟等宫觀建築的藝術成就。

四 卷首論文《中國道教建築藝術》，概要論述了道教宫觀的源頭、宫觀的成因、歷史上的宫觀、道教的改造與宫觀入道、三教合流對宫觀建築的影響、宫觀類型、歷史上的道教建築與現存的道教建築等。論文《道教文化與宫觀藝術》介紹了宫觀的自然環境、民俗文化對道教宫觀的影響、山地宫觀的選址與造型、山地宫觀生態環境的創造等。圖版部分共收入二百四十幅照片，并在卷末圖版説明中對每幅照片均作了文字説明。

目錄

論文

圖版

圖版説明

中國道教建築藝術

楊嵩林

中國建築發源于石器時代的穴與巢，《周易・繫辭》記有『上棟下宇，以待風雨』，當初稱之爲宮、室、房、屋、廬，就懂得了對建築空間的使用。隨之銅器時代有了廩、倉。青銅器時代出現了勞力密集型的、大體量的建築、建築群和公共建築，如壇、臺、祠、廟、牢、陵、辟雍、明堂等等。古典建築已有了『當其無有室之用』（《老子》第十一章）的空間理論。鐵器時代，建築形制與結構不斷成熟，類型也不斷增加，并出現了『匠人營國，方九里，旁三門』（《考工記》）城市規劃思想。到秦漢之季，建築發展的第一次高潮時，已有宮、殿、廳、堂、宅、宇、苑囿、池沼、臺、榭、辟雍、明堂、圜丘、太學、宗廟、門、觀、閣、署、寺、省、監、衛、庫、倉、厩、圈、橋、陵墓，馳道、閣道等等。不過，其中太學、宗廟、寺、省、監、衛並非就是直指建築物，而是行政單位。如《説文》所詮釋的『凡府廷所在皆謂之寺』，沒有一點兒宗教意向。可鴻臚寺一旦『初置白馬寺』，也就不能再理解爲『白馬的府廷』了，而是一種宗教專有建築物。雖然《説文》説它『名之不正』，可此後的釋家庭宇皆稱作『寺』，而成爲佛教的專有建築物。道教産生于民間、山野，洞、堂、舍、治、石室、草屋，是其『初置』時的建築物。當道教被改造成皇家道教之後，朝廷裏的宮、觀也就成了道教的專有建築了。因爲要討論『道教建築』，所以先有這麼一段告白，權爲『道教宮觀』的詮釋。

一 宮觀建築的起源

（一）道家與道教

道教以道家創始人李耳爲教祖，似乎就是李耳創建的道教了，其實不是。李耳即老子，是一位學問家，哲學家。以先秦老子、莊子關于『道』的學説爲中心產生于春秋時期的學術派別，是謂『道家』。道家之名始見于漢司馬談《論六家之要指》，稱爲『道德家』。《漢書藝文志》稱爲道家，列爲『九流』之一。傳統的看法：老子是道家的創始人，著有《道德經》，闡述了他對世界及人生的看法。老子之後的著名道家人物有許多，而以戰國時的莊周最有名、最有影響，莊子繼承和發展了老子的思想。因此老、莊思想成爲先秦道家思想的代表。老子作爲先秦道家代表，在中國歷史上首次提出了宇宙萬物皆產生于一個根源『道』，認爲世界生成的模式是『道生一、一生二、二生三、三生萬物』（《老子》第四十二章）。道家學説，以老莊的自然天道觀爲主，主張做人要以『道』爲法則，像『道』一樣『虛其心』、『不欲盈』，無爲而自然。大自然是按其固有的規律運行的，『天之道』就是要聽任萬物自生自滅，因而要效法自然，遵循自然規律，即所謂『人法地、地法天、天法道、道法自然』，强調人們在思想、行爲上應效法『道』的『生而不有，爲而不恃，長而不宰』，政治上主張『無爲而治』，『不尚賢，使民不爭』，倫理上主張『絶仁弃義』，以爲『夫禮者忠信之薄而亂之首』，與儒墨之説形成了明顯的對立。道家崇尚自然，對中國古典文學藝術，有着深刻的影響，其自然觀對反對讖緯神學有很大作用。老子之學並非宗教，不過，道家思想流入民間，對東漢末年農民運動中道教的產生有所影響，因而道教尊奉老子爲教祖。

道教是中國固有宗教，產生于民間，源于古代的神仙信仰和巫術。東漢順帝漢安元年（公元一四二年）由張道陵創建于今四川劍閣境內的鶴鳴山，凡入道者須出五斗米，故亦稱『五斗米道』，爲組織道教團體之始。因張道陵自稱『天師』，故以後又名『天師道』。道教奉老子爲教祖，尊爲『太上老君』，以《老子五千言》（當時對《道德經》的稱呼）、《正一經》和《太平洞極經》等爲主奉經典。東漢末稍晚一些又有張角所創的太平道，一時成了農民起義的旗幟。這時還是民間道教，無宮觀可言。經歷了東晉葛洪、北魏寇謙之、陸修靜對民間道教的整理、改造，成爲皇家認可的官方道教，纔有幸受寵興建宮觀。

唐宋兩朝，南北天師道與上清、靈寶、淨明各宗派逐漸合流，到元代都歸并于正一派。在北方，金大定七年（公元一一六七年），王重陽在山東寧海（今牟平）創立全真派。此後道教主要有正一、全真兩大派。信奉正一派的道士不出家（也有少數出家的），俗稱『火居道士』或『俗家道士』；信奉全真派的道士則仿照佛教，須出家。

（二）觀的由來

道教的歷史與觀的歷史相比較，就顯得短多了。夏商時的臺是宮廷建築的主體。商，有宮、室、苑、臺。由行爲而產生的建築形式『觀』的記載，則始于周。周之初，文公徙居楚丘時曾進行過可行性研究，當時叫做『望、觀、景、卜』。周初認爲『室之建，不免于勞民傷財』，萬一不得已而爲之，必謹慎從事。『降觀于桑，卜雲其吉』，是說登高觀望之後，還要下來仔細『察地勢、審土宜』，『降觀』之『觀』，作爲建築的概念已經形成，祇是『臺觀』並無任何神仙色彩。

春秋戰國是我國建築發展的一個重要時期，也是『觀』作爲建築形式發展的關鍵時刻。《春秋》所載魯莊公三十一年（公元前六六三年），于春夏秋連築三臺，不合時令，而遭孫氏復貶斥：『莊公比年興作，今又一歲而三築臺，妨農害民莫甚于此』。《春秋公羊傳》更說他築闕『違制』，莊公『春築臺于郎，夏築臺于薛，秋築臺于秦』，三處雖在魯國境內，却違背了『禮，諸侯之觀不過郊』的制度。這裏就視臺、闕、觀爲同一物了。

還在春秋時代早期，秦穆公就已經大建『宮觀』了。據《三輔黃圖》載：秦穆公居西秦，因國內盛產良材，于是大建宮觀。大戍使臣由余到秦國之後，秦穆公請他游覽那些自己引爲驕傲的宮觀，秦室宮觀之浩繁與豪華，是由余所從未見到過的，他不由得感慨道：『使鬼爲之，則勞神矣；使人爲之，則苦人矣！』。這是最早的『宮觀』群，供帝王游憩的離宮別館。據《史記·秦始皇本紀》載：『咸陽之旁二百里內，宮觀二百七十』。

魯僖公五年（公元前六五五年）春，築觀象臺；魯定公二年（公元前五〇八年）冬，新作雉門及兩觀。楚莊王（公元前六一三至公元前五九三年）爲匏居之臺，以望國氛和容宴豆；楚康王（公元前五五九至公元前五四五年）爲臺榭，以望氛祥和居大卒；楚靈王（公元前五四〇至公元前五二九年）建章華臺。

勾踐（？至公元前四六五年）的越國，國弱民貧，一旦滅吳稱霸，縱逞驕氣，連連興築觀臺，有望東海的琊觀臺、勾踐小城姑胥臺、齋戒臺、怪游臺、駕臺、離臺、美人宮、中指臺等等。

高築觀臺早在春秋時已成爲一種風氣。『宮觀』是什麽？根據《説文解字》的解釋是：

宮，室也。

觀，諦視也。

『宮』是建築，而『觀』是一種行爲。

宋《營造法式・卷一・釋名》中載：『闕，觀也。古者每門樹兩觀于前，所以標表宮門也；其上可居，登之可遠觀；人臣將朝至此，則思其所闕，故謂之闕。』

這裏談到的闕的作用有三：（一）宮門的標志；（二）便于登高望遠；（三）人臣至此正衣冠，思所缺。古字『缺』、『闕』同意，就是想一想還有什麽没準備好。

闕就是觀，由行爲而産生的建築形式謂之觀。

觀，也有多種功能，長楊宮的宮門射熊觀爲狩獵時觀察、瞭望之用；且可安全射狩。

陝西扶風是屬玉（水鳥）的栖息地，在此建有觀賞水鳥的建築屬玉觀；有建在梧桐林、古迹旁的青梧觀、五柞觀，也有似展室的甲觀（館）畫堂。

魯僖公（公元前六六〇至公元前六二五年）把觀作觀象臺用：『五年春，王正月辛亥朔，日南至。公既視朔，遂登觀臺以望。』秦穆公（公元前六六〇至公元前六二一年）墓冢設在槖泉宮祈年觀下。秦二世（公元前二一〇至公元前二〇七年）所造望夷宮長平觀在涇陽縣界，臨涇水以望北夷，是搞高空偵察的軍事瞭望臺。漢元帝（公元前四八至公元前三三年）在上林苑建昆明池觀，看方士的耐寒表演，當做看臺用。

這裏又出現了『觀臺』，『觀』與『臺』的概念連在了一起。

臺是中國建築最早出現的建築實體之一。《竹書紀年》中有記述，如：鈞臺、睿臺、容臺、夏臺、靈臺、重璧臺、範臺。

周文王靈臺在長安西北四十里，高二丈。雖有名氣。却没有靈仙之氣，衹是文王用以『觀侵象，察氛祥』的觀象臺和觀賞鳥獸魚蟲的地方。文王在灃水邊立靈臺，掘得無主的死人尸骨，文王命人『以衣棺更葬之』。這個消息一傳出去，都説『文王賢德，澤及枯骨，又况于人乎』。于是纔有『經始靈臺，經之營之；庶民攻之，不日成之；經始勿亟，庶民子（自）來』的盛况。那是説周文王有靈德，與靈臺相伴的靈囿、靈沼，那裏有安祥肥美的牡鹿、潔白的群鳥和躍出水面的魚群，是個養牲園。因而『人樂其有靈德以及鳥獸昆蟲焉』（《詩經・大雅》）。

在《營造法式・卷一・釋名》中：『臺，觀四方而高曰臺』。『臺』是爲了『觀』着方便，《營造法式・卷一・釋名》中説：『老子九層之臺起于纍土』。據古遺址及考古發掘證明，爲避免人受潮濕的侵害和保證木構建築的防腐、安全，確有不少的碎土高臺建築。河南偃師二里頭商初宫殿遺址，碎土臺面積約一百米見方（近一萬平方米），業經三千幾百年的風雨剥蝕，尚留殘高三〇至八〇厘米。戰國時期的高臺已用于陵墓（如河北省平山縣中山王陵）。秦咸陽宫及漢長安辟雍的高臺達兩層，已是巍然一座三層樓房，直到北魏尚有築臺遺風。

《詩經》有『新臺有灑』，灑，高峻也。高臺，在春秋時代已成風氣。且『臺上，臺下』還有個『正』與『非』的區别。『春王二月丁丑公薨于臺下』，《春秋穀梁傳》注爲『臺下非正也』。

秦漢之季以臺爲觀的很多，長樂宫有秦始皇造的魚池臺、酒池臺。始皇崩于沙丘平臺。漢時有著室臺、鬥鷄臺、走狗臺、壇臺、漢韓信射臺，未央宫有果臺、東西山二臺、钩戈臺、通靈臺、望鵠臺（眺蟾臺）、桂臺、商臺、避風臺。

如：酒池北起臺，天子在臺上觀看名曰『牛飲』的飲酒比賽，參加者三千人，真是巍然大觀。漢武帝喜歡看羌胡人『牛飲』，『飲以鐵杯，重不能舉，皆抵牛飲』。

武帝鑿池以玩月，池旁起『望鵠臺』，以眺池中月影；使宫人乘舟弄月影，名『影蛾池』，亦曰『眺蟾臺』。

漢昭帝始元元年（公元前八六年）穿『林池』，廣『千步池』，南起『桂臺』以望遠。到東漢，臺的觀賞用途漸漸趨向于專業化，《郭延生述征記》記有：『長安宫南有靈臺，高十五仞，上有渾儀，張衡所製。又有相風銅鳥，遇風乃動』。這是太初四年（公元前一〇一年）造的觀象臺。

這些『觀臺』没有什么神秘色彩，並無神仙、道家之意，衹爲登高遠望。

秦始皇窮極奢侈，築咸陽宫殿，『以制紫宫象帝居；引渭水灌都，以象天漢；横橋南渡，以法牽牛』（《三輔黄圖》卷一），也衹是一種奢望的象徵，雖然總想求仙問藥，却還没想到造個觀臺會神仙。秦始皇派徐福帶五百童男童女遠涉東瀛，渺無回音。漢武帝求神，比秦始皇要急切得多，還要神仙自己來。投其所好，各地怪誕迂闊的方士、巫勇紛至沓來，都説能請來神仙，于是漢武帝的『觀臺』變了性質，有了仙氣。

漢『武帝初即位，尤敬鬼神之祀』。（《漢書・志一》）。劉邦之後，惠、文、景帝三朝施行黄老無爲之學，由于竇太后干政，以至于延續到武帝的最初幾年，直到武帝建元六年竇太后崩，武帝開始求『賢良』，纔走上『尊儒術』之道。可同時他又迎神候仙，踱着方士的步履，豈可言『獨尊儒術』！武帝青年時期就信神好仙，以爲神仙也是可以招之即來的。

武帝元封二年（公元前一〇九年），在上林苑作飛廉觀，在甘泉宮作通天臺，高四十丈（約九二至九三・六米）。飛廉是神禽，身似鹿，頭似雀，有角而蛇尾，紋如豹，行走帶風。武帝命以銅鑄飛廉放置在觀上，并以此爲名。于甘泉宮建延壽觀，也有那麼高。《漢武故事》『築通天臺于甘泉去地百餘丈（西漢百丈即西漢一千尺，約合今二三〇至二三四米），望雲雨悉在其下。』《漢書・郊祀志》載：《漢舊儀》云：『臺高三十丈（六九至七〇・二米）』，望見長安城，這能夠辦得到，三十丈似乎更可信些。武帝時祭泰乙，讓三百名八歲童女上通天臺作舞，用以招徠仙人，等候天神。看見一顆大流星，就説天神下來了，于是朝流星落下去的方向竹宮就拜。

武帝急于見到神仙，于是又造柏梁臺，迎仙、求藥；臺上建有銅柱，高二十丈，上有銅仙人，『舒掌捧銅盤、玉杯，以承雲表之露，以露和玉屑服之，以求仙道』。漢武帝走上了方士服『仙丹』之路，開始大嚼『細砂混凝土』。後來又于建章宮建神明臺，臺上『有九宮，常置九天道士百人也』。武帝的後世子孫并不完全遵循他的仙道，東漢明帝永平五年（公元六二年）到長安，把飛廉和銅鳥都拆走，放置于西門外的平樂觀上，以後又被董卓銷毀，鑄錢了。

先道教的方士們，利用闕觀、宮觀、觀臺、臺榭，請神迎神，這些本來就是天子諸侯的宮殿，或由天子諸侯爲方士們專門修建的。神仙都是在天上飛來飛去的，要迎神就要到高險凌空的觀、臺上去，或是將觀臺建在離天三尺三的山頂上。神仙之居，也和常人的住房差不多，尺度宜人；祇是由于木構建築的生態麗質，加上和諧、樸拙的山嵐、樹影、雲海、薄霧，仿佛真會讓人感到看見了仙境。如果正在觀中冥思遐想，一陣夾着松針氣的清風拂來，帷帳皆動，不就是仙人飄然而至嘛！

有個叫公孫卿的方士，説是在東萊山見過神人，而且這個神人還想見天子。東萊山位于河南省今偃師縣南緱氏鎮，其東南距嵩山約幾十里。武帝信以爲實，于是就登上了東萊山，在山上住了數日，没見着神仙，祇看見幾個大脚印，武帝可有些生氣了。公孫卿也没辦法，又怕皇上殺頭，就請衛青告訴武帝，仙人原是可以見到的，因皇上來的不是時候，纔没遇上，如今陛下可以在東萊山建一座觀，神人就會來了。『神人好樓居，不極高顯，神終不降也』。于是，武帝開始建造專門迎候仙人的觀。這就給『觀』下了一個新的定義，即『觀』爲神居，是極高顯的樓。這給後來的道教建築以很大啓發，并在這個意義上作出了不少的好文章。出于實用，宮，也爲道教建築所常用。臺，就少用了，後世利用自然環境也偶一爲之，效果實在不錯。

至于那個自稱是見過神仙的公孫卿，雖説是根本没有神仙可見，却説服了漢武帝大建迎候神仙的宮觀。大規模的宮觀建設就有三次，第一次在元狩四年（公元前一一九年）之前，在華陰縣界修建了三良宮、集靈宮（祀西岳之所）、集仙宮、存仙殿、存神殿、望仙臺、望仙觀。第二次是元封二年（公元前一〇九年），作甘泉通天臺、長安飛廉館、桂館。第三次是太初元年（公元前一〇四年），柏梁臺火灾之後，在未央宮西，長安城外興建建章宮。

漢武帝建造了大量的宮觀，主要的列于下表

序號	紀年	公元前	興建的宮觀
一	元朔元年	一二八年	幸甘泉，置壽宮
二	元朔五年	一二四年	得鼎，建鼎湖宮
三	元狩元年	一二二年	在未央宮作麒麟閣
四	元狩四年第一次大建宮觀	一一九年	三良宮、集靈宮、集仙宮、存仙殿、存神殿、望仙臺、望仙觀俱在華陰縣界
五	元鼎二年	一一五年	起柏梁臺以處神君
六	元封元年	一一〇年	太乙山谷中建太乙宮
七	元封二年第二次大建宮觀	一〇九年	于甘泉作益壽館、延壽館、通天臺，于長安作飛廉館、桂館，于泰山作明堂，迎風宮，近則有洪崖、儲胥，遠則有石闕、封巒、鳷鵲、寒露、棠黎等觀，又有高華、温德觀，曾成宮，白虎、走狗、天梯、瑶臺、仙人、弩法、相思觀
八	元封六年	一〇五年	作首山宮
九	太初元年第三次大建九宮觀	一〇四年	柏梁臺灾，起建章宮，正門閶闔（壁門），左鳳闕，右神明臺（上有仙人承露盤），恒置道士百人，北起别風闕，井幹樓
十	太初四年	一〇一年	起明光宮，造靈臺
十一	後元元年	八八年	正月鈎戈夫人薨，爲她建通靈臺，實際是紀念建築

這個表是據《史記》、《漢書》、《西漢會要》與《三輔黃圖》中的記載，擇出漢武帝爲迎神所建的一些宮、觀、闕、臺，而非漢武帝宮殿的全部。在他踞皇位五十五年的經營中，成績確實驚人。

二　歷史上的宮觀

道教的傳説始創于魏晋之際，到唐朝時已編撰得十分巧妙了。唐朝司馬貞撰《史記》索隱時，引用了《抱樸子・内篇》裏的一句話，『黄帝西見中黄子，受九品之方，過空桐，從廣成子受自然之經』，以論證鷄頭山（笄頭山）的所在。憑藉《史記》的威望，這個神話倒很像是真的了。説是早在五千年前，廣成子居空桐，授黄帝自然之經，是道家傳教之始。《史記・五帝本紀》有記載：黄帝曾『西至于空桐，登鷄頭』，但通文没有『問道于廣成子』這樣的語句。這些傳説是唐朝以後纔編出來的。道教理論極善附會，尤以抱樸子葛洪的首創爲最。

（一）原始宗教與祭祖意識

原始宗教意識淵源之一，産生于華夏先民們的墓葬祭祀活動。

原始時代的人類處于愚昧狀態，並没有什麽神鬼的概念。經常遇到大自然超人力的災异福禍，逐漸使人産生了無形的畏懼與祈求。以血緣紐帶聯結起來的原始先民們，還在母系氏族社會時期，人們就朦朦朧朧地『創造』出了人的『魂靈』。在生産力極不發達的原始部落中，人和人的相互依賴關係非常緊密，從當時的墓葬中發現，老祖母和她子孫們葬在一起，死後的靈魂也是相互依賴的。人們相信，生活在另一個世界裏的祖先，還是那樣關心、庇護他的子孫們。在他們有了和原先一樣稱心的生活時，他們會相信，這是祖先在冥冥中保護了他們。于是子孫們以祭祀之禮，向祖先表示感謝，久而久之，就形成了祭祖的習俗。道教也無非是沿襲了這個習俗，對道祖生前的居住、修煉、升化之所進行祭祀，這些祭祀建築就是早期民間道教的洞、堂、舍、治、石室、草屋。隨着道教的官化，皇家的宮、觀、殿、堂，就都進了道院；道祖們又一次次的被封、敕進爵，直達帝位，他們的供奉之所，就改成了宮、觀、殿、堂。道教宮觀的規模與形制，則視其『官化』的程度，爲皇家所能接受的程度而定。

物質生産的豐富與私有的同時，物質掠奪的現象出現了，也就出現了可以不勞而獲的機會。一些聰明的巫祝，爲了這個目的，利用人們向冥冥中祈求的心理，給人們占卜吉凶禍福，獲取遺贈而富貴榮華，逐漸地創造出一些神鬼來，把自己裝扮成神鬼與人之間的信使。這些巫祝、巫勇、方士和以後的道士、道教有着文化上的淵源關係，却並非傳承嗣襲。道教作爲一宗教體系的始創，還是始于張道陵的五斗米道。

史學家認爲『在中國思想史上，戰國是無神論高漲時期，理性主義形成思想界主流』。『老莊與秦漢道家都是學術派別，不是宗教。《老子》、《莊子》、《列子》、《淮南子》等書都是學術著作，不是神學經典』。『無論《老子》還是《莊子》，都不講煉丹和符籙科教，亦反對迷信鬼神和巫術，亦不追求肉體長生不死、羽化成仙』（任繼愈《中國道教史》）。

據歷史文獻的記載，道家對社會并非全然冷眼旁觀，反而是領先時尚的。而道教也并不真正出世，却是積極向上的。如張角之舉義，張魯的割據與歸曹，歧暉順唐，范長生助蜀，邱處機隨元等等即爲明證。北魏孝武年間的道釋之爭，爭什麼？爭出世麼？真的是出世，還爭什麼優劣、先後。

（二）張道陵初創天師道與張角太平道

漢武帝大建宮觀苑囿之後，帝王的奢侈欲望越來越大，一改漢初『輕徭薄賦，與民休息』的政策，加大了對農民的盤剝。『農商失業，食貨俱廢，民人至涕泣于市道』（《資治通鑒》）。連年征戰，災禍頻仍，釀成了西漢末年的農民起義。東漢光武帝劉秀，雖對農民采取了一些緩解措施，但豪强兼并，群雄割據，災難重重，平民無以安命。尋求解脱痛苦的不祇是平民，就是上層社會的一些人目睹國事日非，其統治地位，摇摇欲墜，也祇有迷信讖緯，仰賴上蒼，苦苦尋覓。于是宗教——佛教和道教在差不多的時間乘虛而入。自殷商時期的敬天法祖，戰國時期的方士丹藥，以及漢代的黄老道，至此已逐漸成爲道教的雛形。又不斷攝取先代的神仙思想，以充作教義；並吸收部分神仙方術，以擴展傳教手段；懵懵懂懂的神仙意識在人群中彌漫，祇有祈求神靈纔得解脱的説教，已爲廣大人群所能接受。更有一些農民起義首領，以神的名義收斂人心和組織隊伍，進而成爲早期的宗教團體。這樣就爲西漢末、東漢初道教的形成創造了客觀環境。

東漢光武帝建武十年（公元三四年），留侯張良八世孫張道陵出生。東漢和帝永元二年（公元九〇年）時，張道陵入江西鄱陽，登樂平雩子峰，溯信江入貴溪雲錦山，在山上煉九天神丹；又在西仙源壁魯洞撰寫《神虎秘文》，因名雲錦山爲龍虎山。張道陵在龍虎山，燒藥煉丹，以符水爲人治病。以後又到嵩山，在嵩山石室撰寫《三皇内文》、《黄帝九鼎丹書》、《太表丹經》等書。順帝年間以九十餘歲高齡，入蜀居鶴鳴山（亦名鵠鳴山，在劍閣縣境），自稱『太清玄元』，收徒設教，組建道教，設置鬼令、祭酒以統率鬼卒（教徒）。入道者出米五斗，故俗稱『五斗米道』。

道教奉老子《道德經》爲主要經典，尊老子爲教主，作《老子想爾注》，訂立教義：静室思過；請禱儀式；祭神儀式——天師子孫以及山居清苦道士都登臺朝禮，其他祭酒和道徒則在大堂下朝禮，朝禮的神仙是太上老君和其他九州之神。道教遂大行于巴蜀一帶。

作爲一種宗教的形成，一般以東漢順帝時，沛國人張道陵在蜀郡鶴鳴山造作道書，用『黄老之學』創建『五斗米道』爲起點，又稱天師道。漢靈帝光和二年己未（公元一七九年），張道陵之孫張魯（字公旗）承襲道統。漢獻帝初平二年（公元一九一年），張魯爲益州督義司馬，他襲殺漢中太守蘇固又殺張修，遂據漢中，建立道教政權，實行政教合一，以五斗米道教義施政理民。張魯治漢中三十年，『民夷信向，朝廷不能討，遂就拜魯鎮夷中郎將，領漢寧太守，通其貢獻』（《後漢書》卷七五）。

獻帝建安二十年（公元二一五年），操拜魯爲鎮南將軍，封閬中侯，邑萬户，并聘張魯之女爲曹宇（字彭祖）之妻。張魯依附曹魏，遂使五斗米道在北方廣爲傳播。四川這個道教發祥地，在全國頗負盛名，尤其是川西的青城山道教叢林，被列爲道教『十大洞天』之一，有『神仙都會』之稱。

東漢靈帝熹平年間（公元一七二至一七八年），宦官專政，朝廷黑暗，民生水火。河北巨鹿人張角，奉持《太平青領書》，創立『太平道』，自稱『大賢良師』，奉事黄老道。十餘年間，衆徒數十萬人。

（三）天師道本無宫觀

兩張的道教，均無設置宫觀的記載。

五斗米道以及張魯政教合一的漢中地區，均無宫觀之設，祇有洞、石室、静室、靖廬、大堂、山居、石居、經堂、草堂、義舍、傳舍等民居房屋。對修煉、居住環境的要求也衹是『遠離塵境，栖寓飄渺』而已。太平道也大體如此。其中的房舍，都是以間、架爲基本單元的傳統木建築。五斗米道的這種治所，有的也稱作靜室或者『靖』，是供道師修煉或爲人治病、閉門思過用的，取其安靜之意。

巴蜀作爲道教發源地之一，其道教建築之初可追述到東漢張道陵來蜀之前。相傳古蜀國望帝杜宇氏在天谷（今青城山）中心建立了『成都戴天』之國，青城山早就開始祭祀從黄帝以來的五方神靈，成了『西陵氏』（岷山部族）的五老仙都。秦漢時青城山作爲皇帝所指定祭祀的山川聖地，也存在許多祭祀場所，這些祭祀神靈的建築可視爲灌縣地區道教建築的前身。

漢獻帝建安年間（公元一九六至二二〇年），張魯之子張盛遷回祖籍江西龍虎山後，道教活動中心遂由巴蜀轉移到江南一帶。隨着魏晋時期的社會動蕩，民衆輾轉遷徙，五斗米道又廣泛流傳于江南，且盛行于社會上層。人們顛沛流離，因而寄希望于宗教，以求安定。至此，民間道教已流行于南北。

西晋年間（公元二六五至三一六年），巴蜀地區的道教繼續發展，仍很活躍。青城山的上清宫、真武宫便始建于晋；灌縣都江堰的伏龍觀前身叫范賢館，也始建于晋，是爲紀念成漢時（公元三〇二至三四七年）青城山天師道首領、天地太師西山侯范長生而建；灌縣都江堰的二王廟最早是紀念四世蜀王杜宇的望帝祠，晋代遷望帝祠至郫縣與五世蜀王叢帝陵合在一起，重建望叢祠，而把望帝祠改爲專祠李冰的崇德廟。大邑縣鶴鳴山道教宫觀也始建于魏晋之間。它們都是五斗米道後期留下的遺構。

三　道教的宫廷化改造與宫觀入道

（一）道教的分化、改革與宫觀入道

東晋王朝南遷，北方的天師道徒也隨之匯集于江南。一個貴族出身的道教徒葛洪，爲了適應封建統治者的需要，從理論上提出：道教徒應以忠孝仁義爲本，煉丹服藥，延年長生。以後，天師道內部開始分化爲官方道教和民間道教；正是葛洪的理論引起了朝廷的喜

愛。

葛洪（公元二八三至三六三年）字稚川，丹陽（江蘇）句容人，東晋道士。葛洪少年時家貧，却好學，常常是自己打柴貨賣，以買紙筆，遂以儒學而知名。曾直接參加對農民道教的鎮壓，并稱張魯、張角等人是『奸黨稱會道亂』，主張『犯無輕重，致之大辟』。晋惠帝泰安二年（公元三〇三年），他以鎮壓石冰起義有功，任伏波將軍。東晋元帝時（公元三一七至三二三年）爲丞相，以平『賊』有功賜爵關内侯。後以關内侯的身份急流勇退，到羅浮山創建嶺南官方道教，並著書立説，重闡教義；因自號『抱樸子』，就以此爲書名。

葛洪之後的東晋道教，紛紛創建各自的官方道教理論，各創宗派，以邀君寵。這就是所謂的『天師道分支』。在江南茅山地區，楊義（公元三三〇至三八六年）創立了上清派，流行于江南一帶，稱爲茅山宗。

與上清派創建的同時，葛巢甫編撰《靈寶經》，開創靈寶派，以江西閣皂山爲中心，直至元代以後，纔合并于正一道。

北魏道士寇謙之對早期道教按儒家思想作了一系列的改革。他早年學張魯之道，自稱天師，提出『清整道教』，『專以禮度爲首』，主張道士『兼修儒教』，把北方天師道也改造成爲官方道教。北魏太武帝始光元年（公元四二四年），寇謙之奉其書而獻之，宰相崔浩説『清德隱仙，不召自至』。于是在魏都平城（今山西大同）『起天師道場于京師之東南，重壇五層，遵其新經之制』。『于是崇奉天師，顯揚新法，宣布天下，道業大行』。後太武帝親至壇前受籙，自稱爲『太平真君』，并改元爲太平真君元年（公元四四〇年）。此後北魏各代帝王即位，都援例去道壇受籙。因此道教在北魏一直受到尊崇和利用。寇謙之于是提出建造『靜輪天宫』，而且『必令其高不聞鷄鳴狗吠之聲，欲上與天神交接』，結果是『功役萬計，經年不成』（《魏書・釋老志》）。

南朝宋道士陸修靜，整頓天師道組織，健全道教教理制度，完善道教教理教義，建立了較爲完善的道教組織。

陸修靜（公元四〇六至四七七年），金陵道士，吳興人。宋文帝元嘉末年（公元四五三年），文帝召陸修靜説法，于是他便『不舍晨夜，孜孜誘勸，無倦于時』，連太后王氏都『降母后之尊，執門徒之禮』。以後又去廬山東南『結廬幽栖』。宋明帝泰始三年（公元四六七年），帝召陸修靜入京問道，並于都城建康北郊天印山建崇虚館以待，面會儒釋之士。此時的陸修靜，『祖術三張，弘衍二葛』。他還匯集東晋以來上清、靈寶、三皇等經書製訂道教科範，充實道教教理教義，逐步完善道教科儀，又收集天下道書一千二百二十八卷，編訂《三洞經書目錄》，將經書分爲洞真、洞玄、洞神三類，成爲後世編輯《道藏》的準備。他使五斗米道由原始的民間道團，發展成爲組織完善、較系統的官方道教，史稱『南天師道』。

南天師道經歷了南朝的齊、梁時代，陶弘景又進一步融合儒、釋、道三教思想，充實了道教教理。這樣，南天師道在內容和形式上，都進一步向儒家文化靠近和完善。

陶弘景（公元四五六至五三六年）字通明，丹陽秣陵（今江蘇南京）人，于齊武帝期間，曾任侍讀。永明十年（公元四九二年），至句曲山（江蘇茅山）建華陽館修道。梁武帝蕭衍即位前，陶弘景『授引圖讖』，並爲梁武帝選定郊禪吉日。武帝即位，對他『恩禮愈篤，書問不絕』，于天監十三年（公元五一四年），爲其敕建朱陽館，開創茅山宗。

陶弘景隱居茅山後，撰寫了《真誥》、《登真隱訣》、《養性延命錄》、《本草經集注》等重要著作。由于陶弘景及其弟子數十年的苦心經營，茅山已成爲上清派的中心。元以後，與靈寶派并入江南正一派。

在南北朝官方道教興盛時期，龍虎山中的天師道，爲適應當時形勢的需要，向皇家道教衍化，不僅吸收儒家『忠、孝、佐國佑民』思想，還接受了寇謙之北天師道的『清整道教』和陸修靜南天師道的道教思想和道教科儀。歷代帝王除以文治武功鞏固其統治外，還須實施對廣大人民的精神統治。衍化爲官方道教的龍虎山天師道，充分體現了這種精神統治需求，因而龍虎山天師道得到了歷代帝王的封贈與褒獎，而長久承襲下來。

南北朝時期，北方的寇謙之，南方的陸靜修、陶弘景改革道教，創立了新的南、北天師道，吸收儒家封建禮法製定齋儀，以此適應帝王的禮法制度，深受統治者歡迎。崇道皇帝紛紛延請有名道士并在其都邑爲道教營建居住修煉和祭禱的場所。此時的道教建築已改稱爲『宮觀』，達到相當的規模，並趨于定型。此風沿襲到隋末唐初。宮觀和寺院，原本都是宮廷建築，自從白馬負經至漢，『立白馬寺于洛城雍門西』，『寺』就歸沙門所有了，而『宮、觀』就加入了已經宮廷化了的道教。

（二）儒、釋、道三教合流後宮觀的發展

1 統治階級的政治需要，促使三教合流

北周時期（公元五五七至五八一年）通道觀（館）的建立是北朝時期道教的一件大

事，它集中反映了道教建築已從石室、義舍，徙居于皇室、貴族的樓觀，在北朝宗教建築中也有了舉足輕重的地位。

周武帝于建德二年（公元五七三年）十二月，召集群臣及沙門、道士等，辯釋三教先後，以儒教爲先，道教爲次，佛教爲後。建德三年（公元五七四年）五月，『初斷佛、道二教，經像悉毀，罷沙門、道士，并令還民』。但六月就下詔說：『至道弘深，混成無際，……今可立通道觀，聖哲微言，先賢典訓，金科玉篆，秘迹玄文，所以濟養黎元，扶成教義者，並宜弘闡，一以貫之。』至靜帝大象元年（公元五七九年）『初復佛像及天尊像』。十月，『帝與二像俱南面而坐，大陳雜戲，令京城士民縱觀』。據《唐會要》載，通道觀于北周大象三年（公元五八一年）建在長安故城，隋開皇二年（公元五八二年）移至安善坊，更名玄都觀。

周武帝設立通道觀，實際上是沙汰佛道二教後的一種善後措施。通道觀的一百二十名學士中，儒、道、佛三家人員均有，并不是純道觀。

由于周武帝崇尚道法，樓觀高道嚴達、王延又任通道觀的主持，因此，通道觀的設立在客觀上的確有利于道教，也大大提高了樓觀派在北朝道教中的地位。

2　建築中體現的三教思想（效法儒家的禮，利用釋家的序）

值得一提的是，在後來道教神仙的組織系統中，佛教思想和儒家思想也起到了不容忽視的作用。道教宗派既多且雜，各宗派又各奉其祖，道教又是多神教，神仙就多得數不清了。這使得教象無所適從，于道教傳播也很不利，因此效法儒家的宗法等級制度，把神仙定出『朝班之品序』和『尊卑』，用七個階次組織排列起來。神仙等級的劃分，也爲道教奉祀他們的建築劃定了等級。由于各教派所奉最高神祇的不同，也影響到建築和總平面的布局。

五斗米道和樓觀派奉太上老君爲最高神，而上清派和靈寶派則奉元始天尊、太上大道君爲最高神。爲了道教便于傳播，道士們仿造佛教的『三身』說，將各派所奉的最高神糅合在一起，組成能爲各派共同接受的三位一體的最高神『三清』。在所有道教建築中，三清殿的地位最爲重要，它作爲各地道觀中的主殿，其規格形制均享有最高級別。

從以上道教神靈的來源中我們可以看到，道教不論是繼承還是新創神靈，它吸取的是中國傳統文化養料。從古代原始宗教多神共存的思想到對儒家聖人的納入，以及仿造佛教的『三身』，創立道教最高神——三清，都和傳統哲學思想密不可分。這就從源頭上決定了道教建築以儒、釋以及中國古代原始民間建築爲源，並且在以後幾千年的發展完善中，各派哲學思想繼續作用于道教建築，使之成爲一個多文化的綜合體。

四　宮觀入道後的道教建築

（一）隋、唐時代道教宮觀

隋文帝禪位後建玄都觀，由道士王延（公元？至六〇四年）主持；唐太宗李世民于貞觀九年（公元六三五年）在茅山爲隋末唐初道士王遠知（公元五三〇至六三五年）敕建太平宮。

大唐興建于公元六一八年，高祖李淵，年號武德。因唐皇爲李姓，追認李耳爲其始祖，并在羊角山建李耳廟。唐太宗李世民于貞觀十一年（公元六三七年）七月在亳州修建老君廟。唐高宗李治乾封元年（公元六六六年），祀泰山，至亳州訪老君殿，並上封老子尊號爲『太上玄元皇帝』，以道教爲國教，道士爲皇族，對道教極爲尊崇。

唐睿宗李旦，先後兩次登基不足三年，却還在景雲二年（公元七一一年）爲金仙和玉真兩公主，各造一所道觀，兩觀均在輔興坊。

唐玄宗李隆基于開元九年（公元七二一年），依道士司馬承禎的上言，敕五岳各置真君祠一所。開元十九年（公元七三一年），令兩京及天下諸州各置太公尚父廟，以張良配享，于五岳各置老君殿。許多的宮觀、寺院也要由皇帝敕名，如，開元二十六年（公元七三八年）敕每州各以郭下定形勝觀寺，改以『開元』爲額。玄宗還改老子封號爲『大聖祖玄元皇帝』。天寶元年（公元七四二年），在長安大寧坊和東都積善坊建玄元皇帝廟，采太白山石，雕玄元皇帝聖容和玄宗像。于兩京敕建崇玄學，與國子學并列。同年九月二十五日敕：『兩京玄元廟改爲太上玄元皇帝宮』。第二年（公元七四三年）又改長安玄元宮爲『太清宮』，東都玄元宮爲『太微宮』。天寶七年（公元七四八年），册封漢天師張道陵爲太師，于京都設授院，置壇傳。天寶八年（公元七四九年），玄宗親謁太清宮，册聖祖玄元皇帝尊號爲『大聖祖大道玄元皇帝』，到玄宗晚年更加封爲『大聖高上大道金闕玄元皇帝』。天寶十五年玄宗避亂蜀中，曾駐蹕于青城山長生宮。宋范仲立《青城乙記》云：『上清宮、上皇宮、延慶宮，皆明皇幸蜀時造』。

唐武宗李炎，寵信道士趙歸真、劉玄靖，一心向道，想當神仙；他們乘機慫恿武宗，既建道觀，又毀佛寺。會昌三年（公元八四三年）夏，武宗在皇宮建造望仙宮；會昌五年（公元八四五年）正月，在長安南郊作仙臺；六月，又作望仙樓及廊舍五百三十九間，功畢于神策軍。他還召見二十代天師張諶，賜帑修建真仙觀。趙歸真乘機詆毀佛教，説佛教不是中國教，應該取締。武宗于會昌五年（公元八四五年）下詔，『澄汰天下僧尼』，于兩京祇各保留四寺，其餘各郡祇准保留一寺。甚至改寺爲宮，『五年九月敕取東都弘聖寺改修太微宮』（《唐會要》）。武宗在位祇有六年，扶道抑佛，非常突出。

唐僖宗中和四年（公元八八四年）冊封張道陵爲『三天扶教大法師』。

唐朝先後有十三位公主成爲女冠。睿宗的第八、第九二女，唐玄宗的胞妹金仙、玉真兩公主，爲避蕭墻之禍而入道。玉真公主堅決辭去公主名號，隱居終南山樓觀臺。

據《唐會要》記載，兩京的達官貴人舍宅置觀的就有十八處。

隋、唐時期四川青城山新建有大批宮觀，著名的古常道觀（天師洞）始建于隋大業年間（公元六〇五至六一八年），原名延慶觀。唐代青城山還建有玄都觀、金華宮、福唐觀、本竹觀、仙居觀、儲福觀和威儀觀等，雖然現在都廢不可考，但却由此可知隋唐興建宮觀的盛況。

（二）五代時期的道教宮觀

五代（公元九〇七至九六〇年），是一個『城頭變換大王旗』的時代。由于唐朝特別優禮道教，五代時的皇帝們，也都惟恐落後，各個爭請道士，請教『治國之道』，所以道教興盛如故。唐僖宗在位期間，見蜀中道門冷落，以長安道士杜光庭爲蜀掌教，賜紫衣，號曰廣成先生。五代時前蜀皇王建，待之愈厚，授金紫光祿大夫，封蔡國公，遷户部侍郎，號爲天師。王建的兒子王衍即位後，封杜光庭爲傳真天師，崇真館大學士。

閩主王審建寶皇宮，迎道士陳守元居住。

吴太祖楊行密，建紫極宮（一説真元宮），迎道士聶師道居住。

（三）宋代的道教宮觀

宋太祖趙匡胤（公元九六〇至九七六年在位）親自訪問河北鎮陽龍興觀道士蘇澄隱，並賜號『顧素先生』。開寶二年（公元九六九年），敕建建隆觀，召蘇澄隱住持。

據《宋史・列傳》記載：陳摶（公元八七一至九八九年）字圖南，自號扶搖子，亳州真源人，隱居武當山九室岩，後移居華山雲臺觀，又止少華石室；與華陽道士李琪、關西道士呂洞賓爲友。曾三朝宋太宗趙炅（公元九七六至九九七年在位），太宗待之甚厚，賜號希夷先生。

真宗大中祥符五年（公元一〇一二年），敕修上清觀（原爲真仙觀）。大中祥符八年（公元一〇一五年）准皇女入道；召見二十四代天師張正隨，賜號『真靜先生』，立授籙院及上清觀；並于京師建昭應宮、會靈觀。

宋徽宗崇寧四年（公元一一〇五年），徽宗賜三十代天師張繼先號『虛靖先生』，並于上清觀門口，建造大師府第。後又升上清觀爲上清正一宮，並撥帑修建。政和六年（公元一一一六年），又詔天下洞天福地，修建宮觀，塑造聖像。政和七年（公元一一一七年），令天下道士，免階墀迎接衙府。該年四月『册己爲教主道君皇帝』，七月准許僧道徒歸心道門，予以度牒紫衣。重和元年（公元一一一八年），徽宗頒御注《道德經》于天下，列爲學子必修課目，並刻石《道德經》收藏在神霄宮。宣和元年（公元一一一九年），詔告通知天下郡縣官員們，要以客禮相見主持宮觀的道士與監司。至此，已把道士地位，提到與郡縣官員同級。

南宋高宗紹興七年（公元一一三七年），詔在建康府元符萬歲宮修祈福道場，並于三茅山設黃醮。

有宋以來，龍虎山天師都被賜以『先生』號，葺其宮第，優其品級，賜以殊榮。從此，天師一系遂成爲江南諸派的祖派。

在唐、宋兩朝六百六十多年間，儒、釋、道三教相互滲透，逐漸通融爲統一的中華文化。在建築上三教也是相互影響、滲透，彼此吸收、接納，儒家的宮、殿、廳、門、闕、牌樓，佛教的山門、藏經樓，甚至佛教所獨有的塔，都出現在道教建築及其布局上。三教建築不論形制、布局組合、裝飾紋樣均有了許多相似之處。

（四）金、元時期的道教宮觀

金、元時期道士王重陽在山東創立全真道，受到元帝支持，得到迅速發展。北方出現全真道，是道教官方化、三教合流過程中的必然現象。元太祖十年（公元一二一五年）攻克燕京；十四年（公元一二一九年），派員詔名道邱處機，邱應詔西行，于太祖十七年

（公元一二二二年）在『雪山』朝見元主，取得了掌管天下道教的地位，並受賜號『神仙』。太祖十八年（公元一二二三年）三月，邱處機東還中都燕京，住太極宮。太祖二十二年（公元一二二七年）三月詔太極宮更名長春宮。成吉思汗也同時卒于六盤山。長春宮（即今日的北京白雲觀）成爲全真道祖庭之一。四十年後，世祖忽必烈纔開始在中都城北建大都。

元朝最重要的宮觀建設是山西省永濟縣大純陽萬壽宮。八仙之一的呂純陽，名岩，字洞賓，爲全真道創始人王重陽的道門導師，被全真派奉爲北五祖之一，出生在山西省永濟縣永樂鎮。呂洞賓弃儒歸隱，修道求仙，自號『純陽子』，或稱『回道人』。在他死後（唐末），人們把他的故居建爲呂公祠，金末擴建爲道觀。元太宗四年（公元一二三二年），敕令『升觀爲宮』，並派全真派邱處機的門人潘德衝主持，在其舊址重建。從元定宗二年（公元一二四七年）動工，到元至正十八年（公元一三五八年）完成三清、純陽兩殿壁畫止，在元末之前十年竣工，施工期長達一百一十多年，成爲當時全真教著名道觀。

元世祖至元十三年（公元一二七六年），詔告天下名山大川寺觀并前代名人遺迹，不許拆毁，建崇真觀于兩京。至元十四年（公元一二七七年），元世祖『賜嗣漢天師張宗演演道靈應衝和真人，領江南諸路道教』。至元十五年（公元一二七八年）秋七月，建漢祖天師正一祠于京城。

元仁宗延祐六年（公元一三一九年），于上清長慶宮重建天師府。元惠宗至正十一年（公元一三五一年）建『大上清正一萬壽宮』，並爲上清宮鑄銅鐘。

唐、宋、金、元時代是道教的興盛期，宮觀不論其建築形制、組群布局還是工藝水平方面，都達到了相當成熟的階段。

（五）明代的道教宮觀

明太祖以道教爲漢族宗教，封天師張正常爲『正一嗣教真人』，賜銀印，秩視二品，命掌天下道教事。爲道教設道官，京師道司掌天下道士，外府州縣有道苑等司分掌其事。賜白金十五鎰，重建真人府，御書『大真人府』。洪武五年（公元一三七二年），又對上清正一萬壽宮進行大規模擴建。

歷朝明代統治者對天師道均極爲厚待和推崇。特别是嘉靖皇帝篤信神仙，躬親齋醮，除命內左少監吳猷會同江西撫按重建『天師府』外，還在府內增建『敕書閣』以藏纍朝宸翰，東蓋『天師家廟』以祀歷代真人。

元、明之後，道教總體上由盛轉衰，在建築上也無多興建。明、清時期，道教宮觀多爲重建、重修的局面。明太祖對道教建築實行了一些保護措施：『天下神祇，常有功德于民，事迹昭著者，雖不致祭，禁人毁撤祠宇。』此時的宮觀建築多仿照佛教禪院建造。

（六）清代的道教宮觀

天師道自明中葉以後，逐漸衰微。滿清入關，尊喇嘛爲國教，道教地位下降。乾隆十七年（公元一七五二年），第五十六代天師張遇隆曾降爲五品，停止入覲，一度停止傳度。清王朝對道教的態度是控制多于籠絡，雖想利用道教在民間的影響，又怕人民利用道教舉義造反。順治十二年（公元一六五五年），五十三代天師張洪任入覲，世祖召見並設宴，敕免本户及上清宮各色徭役。康熙年間（公元一六六二至一七二二年）青城道士陳仲遠購回天臺寺基地，易名本洪庵（即上元宮），並修復上皇觀，其後還陸續重建或修繕了常道觀、長生觀、祖師殿（洞天觀）、上清宮、建福宮等，形成了青城山現存的道教建築規模。灌縣二王廟也重建于此時。康熙二十年（公元一六八一年），五十四代天師張繼宗嗣位，聖祖賜御書『碧城』以爲號，撥帑修建天師府，並爲上清宮御書匾額『大上清宮』。康熙五十二年（公元一七一三年），賜帑修龍虎殿宇。康熙五十四年（公元一七一五年），授五十五代天師張錫麟光祿大夫。雍正八年（公元一七三〇年），撥帑銀十萬兩，對大上清宮進行大規模修建。乾隆七年（公元一七四二年），五十六代天師張遇隆入覲，在圓明園受召見。光緒三十年覃恩追贈五十代天師爲光祿大夫，誥贈六十一代天師爲光祿大夫。

道教自清同治後，逐漸失去了朝廷的支持，宮觀傾圮，殿宇失修，更無封贈。但民間道教仍然盛行，隨着海禁大開，沿海居民帶着土生土長的宗教，飄洋過海。凡有中國僑民的地區，均爲興建道教宮觀的地帶，其中最爲多見的是媽祖廟和關帝廟。

（七）近，現代道教宮觀保護與新建

民國成立，没有天師的封號，没收了天師府田產。袁世凱復闢帝制時雖曾想藉助道教勢力以鞏固他的統治，恢復了天師府的田產，并授六十二代天師張元旭爲『正一嗣教大真人』，又賜以三等嘉禾章及『道契崆峒』匾額，但終因時局變幻，國事日非，道教本身也無甚發展，因而道教逐漸衰微。

中華人民共和國成立，宗教信仰自由載入《中華人民共和國憲法》。根據《中華人民共和國文物保護法》許多古建築宮觀列爲國家、省、市級文物保護單位。

十一届三中全會以後，文物保護法與宗教政策得到進一步落實，旅游事業得到空前的發展。一九八三年，國家再次撥款修葺道觀、重塑雕像，搜集、保護道教文物，使古建築重放异彩。它吸引了國内外各界人士前來謁祖、祈福、觀光、懷古，使得宮觀的游客日益旺盛。

五　道教宮觀的主要類型

道教是一種多神教，所信仰的神仙譜系紛雜而龐大，這在宗教意義上決定了道教建築種類的繁多。南方多以三清殿爲主殿，主奉原始天尊或玉皇大帝。北方全真道宮觀，多以五祖七真殿爲中心，主祀呂祖、王重陽或邱處機。屬于全真道的樓觀道，以老子爲中國道教的唯一教祖，一直以老子祠爲中心殿宇；老子左右配侍尹喜和徐甲，同時也有尹喜的專祠。自秦漢以來，皇家、貴族祭祀的諸神，太乙、上天昊帝、五帝、五岳大帝等等也常爲道教托管。道教諸神還包括原始神話中的伏羲、女媧、雷公、電母、雨師、風伯、北斗、南斗、城隍、土地、財神、竈王、龍王、閻王等等。有德義之行及有惠于民的歷史人物也以神位祭祀，如關帝、媽祖、藥王、麻姑、李冰父子等等。道教供奉的神祇還有根據道教教義或三教融合的教義而創造出來的神仙以及歷史上的聖賢，如元始天尊（玉清）、靈寶天尊（太上道尊）、道德天尊（太上老君）、玉皇大帝、紫微北極大帝、天皇大帝、土皇地祇、玄天上帝（元始天尊化身）、文曲、武曲、觀音大士、大覺金仙、子孫娘娘等等。與此相對應，其奉祀宮觀也產生了相應的建築類型。

（一）岳廟

五岳，指東岳泰山、西岳華山、南岳衡山、北岳恒山、中岳嵩山。五岳之制始于漢武帝，祭祀五岳則始于漢宣帝。初始爲郊祀，于曠野施祀禮。後世改爲廟祀，于是興建五岳廟，泰山岱廟、華山西岳廟、衡山南岳廟、恒山北岳廟、嵩山中岳廟，以及遼寧北鎮廟（即醫巫閭山神廟，圖一）等五鎮山廟，爲皇家祭祀之地，多由道士代管或代祀。

岳廟以東岳泰山之岱廟最爲典型，今詳述于後。

東岳泰山自秦漢以來就是皇家舉行祭祀大典的地方。秦始皇于二十八年（公元前二一九年）『上泰山，立石封，祠祀』，可以看作是『祠祀』之始。不過，僅僅是立石、刻字、頌秦德而已，是自己歌頌自己。漢武帝先後到泰山八次，第五次即太初三年（公元前一〇二年）『春行，東巡海上。夏四月還，修封泰山，禮石閭』（《漢書》卷六）。『石閭』就是方士所説的『仙人閭』。

以後的各個朝代，興廢更替，却一直不斷擴大、重修。北魏時，酈道元在《水經注》中曾引用《從征記》『泰山有上、中、下三廟』的記載，岱廟就是當時的下廟。唐代雖在泰山修齋建醮幾十次，尚無于岱廟大興土木的記載。宋真宗大封禪時，創建天貺殿。至宋宣和六年（公元一一二四年）重修，發展到相當大的規模：『增治宮宇，繚墻外圍罘罳分翼。巋然如御都紫極，望之者知爲神靈所宅。凡殿寢堂閣門亭庫館樓觀廊廡合八百一十有三楹』（《岱岳觀碑》第五十三卷），已具有皇宮的規模和氣派了。金、元、明、清歷代都進行維修、重建。到乾隆三十五年（公元一七七〇年）重修岱廟，『凡神像、大殿以及各殿宇、廊廡、門垣全行拆改新修，次第具舉』。這最後一次皇家修建，就奠定了今天岱廟的規模。

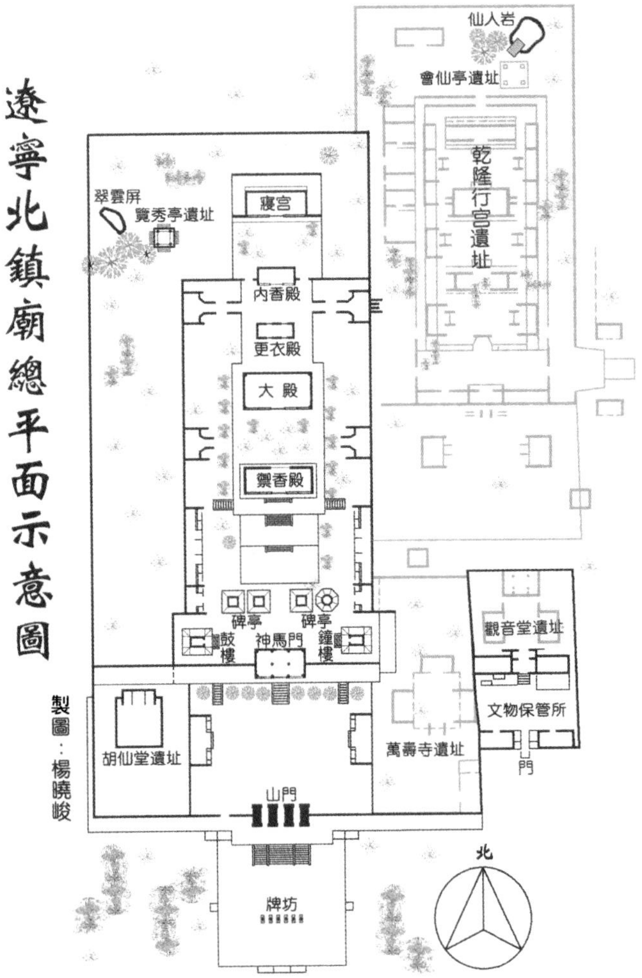

圖一　遼寧北鎮廟總平面示意圖

岱廟位于今泰安市城區的東北部，舊城南門前，直通泰山極頂的封禪祭祀古御道的中軸綫上。東西二百三十七米，南北四百零六米，總面積九萬六千二百平方米。與此面積差不多的是南岳廟，面積爲九萬八千五百平方米。西岳廟自漢至清，經過兩千餘年的興衰，有内、外兩重城郭，占地約十一萬九千八百八十平方米，南面還建了一個與正面同寬的瓮城。北岳真君廟總面積十七萬三千九百八十二平方米。中岳廟占地達三十七萬平方米。

岱廟前有遥參亭，爲岱廟的門户，是個獨立的小院，南北長六十六米，東西寬五十二米，由山門、正殿、配殿、方亭和後山門組成，坐落在岱廟前中軸綫的延長綫上，與岱廟正陽門相對。正殿五間，建于小院中央臺基上，歇山頂，上覆黄色琉璃瓦。

遥參亭山門前矗立着一座四柱三間的石牌坊，額書：『遥參坊』，清乾隆三十五年（公元一七七〇年）建。石牌坊左右有鐵獅子一對，其南古槐之下的石欄内『雙龍池』，是清光緒年間爲解决泰安城居民飲水，引王母池之水而建。欄板之上鎸刻『龍躍天地』四字。池前兩通石碑，刻記着引水修池始末（圖二）。

遥參亭與岱廟之間有岱廟坊，清康熙十一年（公元一六七二年），山東布政使施天裔倡建。通高十二米，寬九·八米，四柱雙挺于兩塊方形石座上。三間三樓歇山頂，正脊中

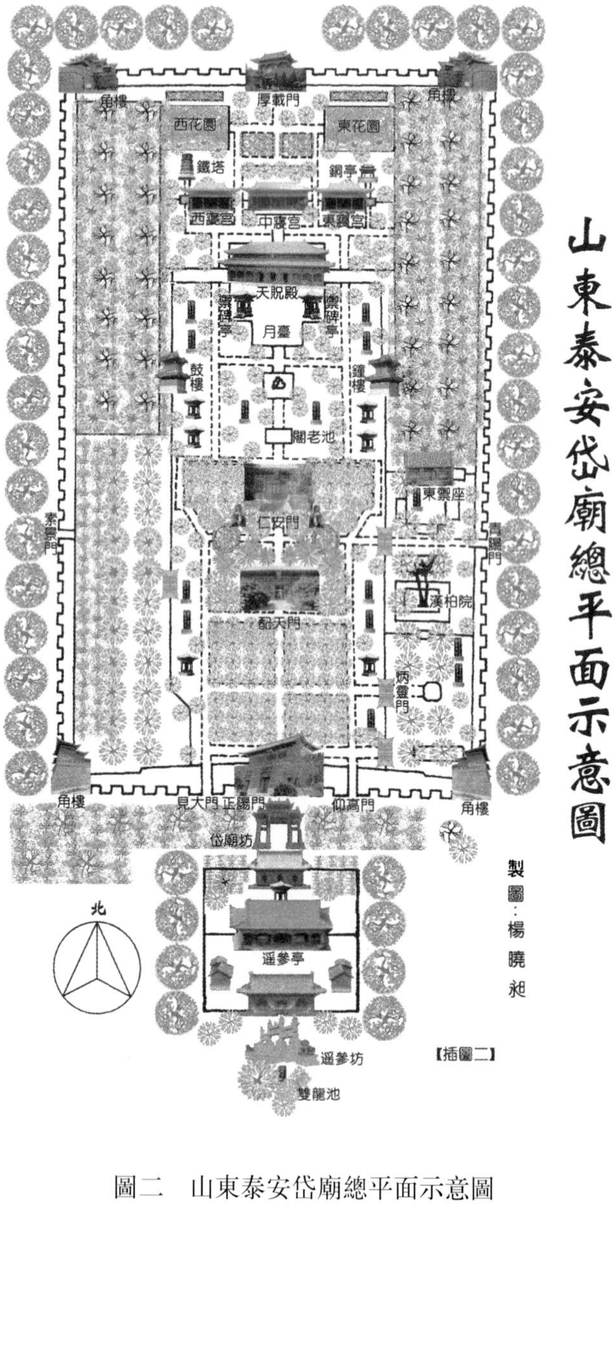

圖二　山東泰安岱廟總平面示意圖

央立一寶瓶，正脊端頭各有鴟吻。檐下斗栱承于額枋之上。四柱與額枋上雕刻龍鳳等祥瑞圖案。四柱夾杆石有石雕大獅子穩踞于上，周圍有小獅子攀登玩耍，姿態各异，形象生動。這是泰山上下石坊中的瑰麗之作。

岱廟是按照唐宋以來祠祀建築中最高級的標準修建的。采用了以中軸綫爲主、横軸綫爲輔的對稱布局形式。從岱廟南門外的遥參亭起，正陽門（南門）、配天門、仁安門、天貺殿、正寢宮、厚載門（岱廟後門）依次坐落在中軸綫上，形成四進院落。同時，兩側沿兩條横軸綫（東華門和西華門之間，延禧門和炳靈門之間）向横向擴展，形成了對稱的四個别院：西爲唐槐院（原延禧殿院）和雨花道院，東爲漢柏院（原炳靈殿院）和迎寶堂（即東御座）。

由正陽門向北，過兩座庭院纔進入岱廟的中心部分，岱廟的主體建築——宋天貺殿建于廟正中偏後的高大臺基上。大殿兩山引出横廊，南向再折，與前面的仁安門兩山相連，組成主體建築突出的中央方整廊院。岱廟四周高築城堞，四向對外闢門六個，其中南向三門：正中南門即正陽門，正陽門左右各闢一門，東曰仰高門，西曰見大門；東城墻的東華門，也叫青陽門；西城墻的西華門，也叫素景門；北向厚載門。各門之上原都有城樓。廟墻四角有以八卦方位艮、巽、乾、坤命名的角樓。廟内有古柏、銀杏和國槐等樹齡長壽木和蒼松翠柏。

正陽門爲岱廟南面正門。其門早圮，一九八六年重修仿宋建築。三座門洞之中都采用了宋代城門修築中常見的排叉柱加固洞體的構築形式。正陽門通高二十米，其上部城樓五間高達十一米，高聳于高高的墻垣之上。歇山頂上覆黄色琉璃瓦，檐下俱施彩畫。

由正陽門進岱廟，迎面是配天門。其名取『德配天地』、『配天作鎮』之意。面闊五間，歇山頂上覆黄色琉璃瓦，椽枋彩繪。配天門兩側原有殿堂，東爲三靈侯殿，西爲太尉殿。三殿之間以墻相連，構成岱廟中間第一進庭院。門前爲明代銅鑄高大的雙獅。配天門北向，與仁安門之間以高築青磚甬道相通。仁安門，名取『天下歸仁』和『以仁治天下，天下則安』之意。建築面積和形式與配天門相同。兩山曾以迴廊與天貺殿相連。東西各闢神門與前面的三靈侯殿、太尉殿相對。仁安門前是一對石獅。

天貺殿面闊九間，四三・六七米，進深五間，一七・一八米，通高二三・三米，副階周匝。檐柱下是覆盆柱礎。檐下斗栱爲單翅重昂七踩計心造，上覆黄色琉璃瓦的重檐廡殿頂。梁、枋，闌額遍繪清式瀝粉金琢墨石碾玉彩畫。天花板彩繪金龍，明間設藻井。雙檐之間高懸『宋天貺殿』巨制匾額。殿内正面神龕中有一九八四年重塑的泥胎泰山神像。

神龕上方高懸清康熙皇帝所題『配天作鎮』的巨匾。

天貺殿內東、西、北三面墻有壁畫——《泰山神啓蹕回鑾圖》。壁畫高三・三米，全長六十二米。除山水殿閣樹木外，共繪人物六百九十一人，生動形象地描繪了泰山神出巡（啓蹕）和返回（回鑾）的巨大場面。壁畫最初傳爲宋代所繪，意在藉泰山神反映宋真宗封禪泰山威嚴浩蕩的場面。自宋朝以來，天貺殿屢圮屢修，甚至重修，壁畫當然也就不是宋代的原作了，衹是明清以來的重繪作品。但壁畫保留了原作主要部分的內容風格，仍是我國現存道教壁畫中上乘之作。

天貺殿前是寬敞的石砌大月臺。周圍石雕欄板，雲紋望柱，兩側有對稱的玉階。月臺中間，有一尊明萬曆年間的鐵香爐。兩側是一對宋朝建中靖國年間所鑄大口鐵桶，爲舊時防火蓄水之物。月臺兩端各有六角形御碑亭一座，亭內是乾隆皇帝游泰山的手書詩碑。

天貺殿月臺前，左右有四個碑亭。亭雖早圮，臺基尚存，石柱礎猶可見。院中共有碑碣二十二通。東碑臺上矗立着一通漢滿兩種文字的碑，是清乾隆皇帝爲其六十壽辰、其母『八旬萬壽』重修岱廟的御製碑。

由天貺殿後門出，有高大的磚石甬道與後寢宮相通。後寢宮一字橫列分爲東、中、西三宮。宋真宗既封泰山爲帝，有帝就要有后，于是詔封泰山神夫人爲『淑明后』，遂建後寢三宮以表祭祀。中宮面闊五間，長二三・一米，進深一三・二七米，高十一・七米。單檐歇山頂上覆黃色琉璃瓦。東、西二宮各建于較低的臺基之上，三開間，歇山頂上覆青瓦。三宮之間以紅墻相連，形成岱廟的第四進庭院。三宮之間有月亮門，東、西宮外側各有垂花小門一座，都與後院相通。

東園石砌高臺之上矗立着一座鎦金銅亭，又名金闕，仿木鑄銅構件組成，是明代萬曆年間岱頂碧霞祠中所鑄之物，明末移至山下靈應宮，一九七二年移至岱廟。銅亭結構嚴謹，工藝精巧，是我國現存爲數不多的銅鑄亭閣中的精品。與銅亭對稱，西園之南石砌臺基之上有鐵塔一座，但僅存三級，原有十三級，立于泰安舊城西門外的天書觀中（已圮），抗日戰爭中爲日寇飛機的狂轟亂炸所毀，一九七三年移于岱廟。

位于東廂的東御座由大門、東西配房和正殿組成。殿、房、門之間有環廊相接。大門三間，三柱五架梁，硬山捲棚頂。進大門拾級而上，寬敞的月臺上是正殿五間，面闊十八・八米，進深十一・一米，通高六・八米，四柱六架梁捲棚硬山頂。東、西配房各三間，捲棚硬山頂。殿、房、大門及環廊，其上均覆以灰瓦，檐廊下俱飾彩畫。

北面厚載門，原門早毀，這是一九八四年重修的仿宋建築。方形門洞之上是歇山頂城樓，有石階登道而上，向北可眺望巍巍泰山，天晴日朗之時，還可依稀看出天梯高懸的南天門。

（二）叢林

『叢林』又稱『十方叢林』，本來是指佛教僧衆聚居寺院，全真道王重陽吸收佛教的一些組織形式和規章制度，要求弟子出家修行、受戒，建立起一套道教叢林制度，稱之謂全真道。第一批道教叢林就是北京白雲觀、山西芮城永樂宮（圖三）、瀋陽太清宮、成都青羊宮（圖四）、陝西盩厔樓觀臺等。『十方叢林』不能招收弟子，給子孫廟推薦來的徒弟傳授三大戒（初真戒、中級戒、天仙戒）。子孫廟，又稱『小廟』，招收弟子，師徒相傳，但不能傳戒，一般也不接待十方道衆，不留單。『子孫叢林』介于兩者之間，又稱子孫常住，留單接衆，是子孫廟興旺後的升格，也可以傳戒，但就不能再招收徒弟了。

圖三　山西芮城永樂宮總平面示意圖

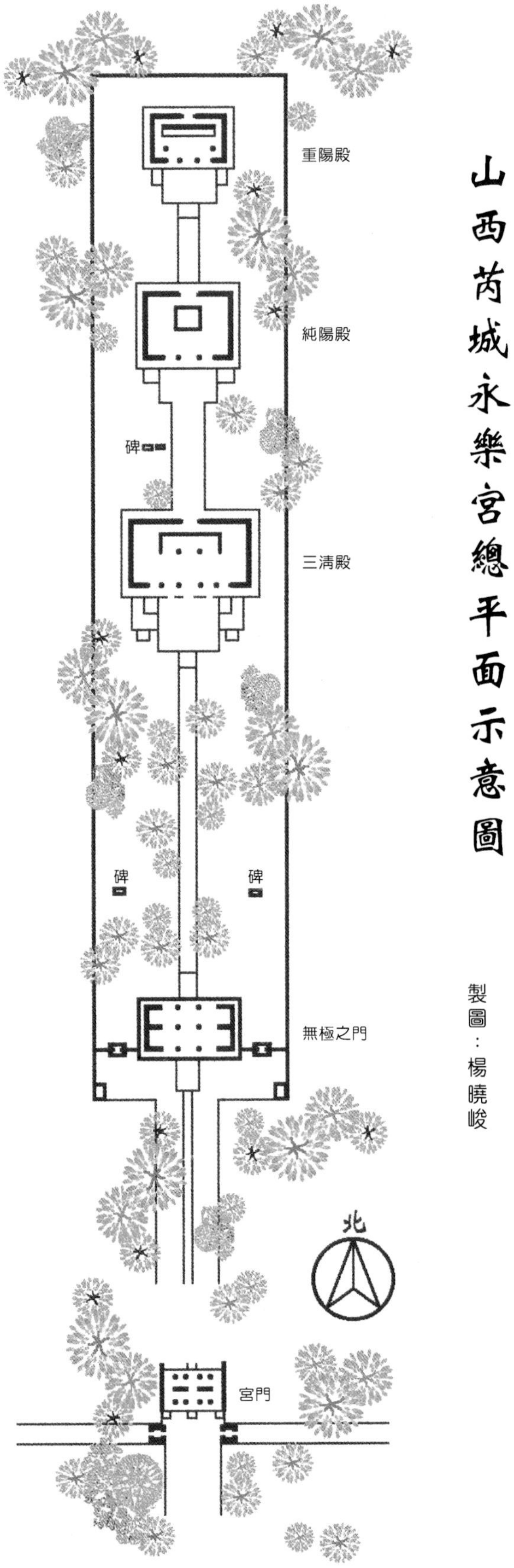

圖四　成都青羊宮總平面示意圖

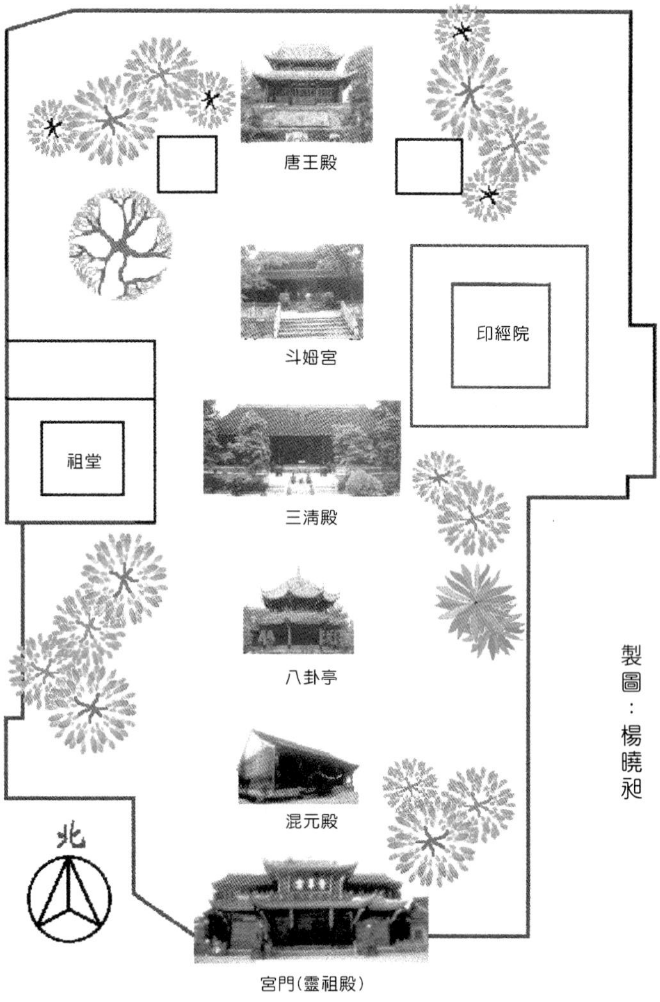

成都青羊宮總平面示意圖

1 北京白雲觀

白雲觀位于北京西便門外，是北京現存最大的道教建築群，是道教全真道第一叢林，龍門派祖庭，如今又是中國道教協會所在地。它原是唐開元二十七年（公元七三九年）玄宗爲祀奉老子而建的『天長觀』，金正隆五年（公元一一六〇年）毀于戰火。金大定七年（公元一一六七年）重建，名十方大天長觀；金章宗泰和三年（公元一二〇三年）賜名太極宮。金正大元年（公元一二二四年）邱處機（長春）（公元一一四八至一二二七年）東歸燕京居住于此，開始重修殿宇，名太極宮。邱處機羽化後，遺脱葬于東側小院的處順堂。元世祖忽必烈（公元一二一五至一二九四年）諭旨改名長春宮，元末毀于戰火。明洪武二十七年（公元一三九四年）以處順堂爲中心修建，即改名白雲觀（圖五）。

現存殿宇是清康熙四十五年（公元一七〇六年）重建的。總平面爲中間主軸綫和于中軸綫中後部開始的東、西道院，大體呈主次三條軸綫的布局。主要殿宇均坐北朝南。觀前嵌刻着元代書法家趙孟頫所題『萬古常青』四字的影壁。沿中軸綫由南至北依次爲櫺星門、山門、靈官殿、玉皇殿、老律堂、邱祖殿、三清四御殿和後苑。

櫺星門位于白雲觀中軸綫上山門的前端，建于明英宗正統八年（公元一四四三年），是一座四柱三間七樓的牌坊。正面題額『洞天勝境』，背面爲『瓊林閬苑』。額枋、斗栱用金綫大點金旋子彩畫，並使用了龍錦枋心。山門建于明英宗正統八年（公元一四四三年），磚石結構，歇山式建築，中間三道拱券門。山門左右側有八字墻。前方設石獅、華表各一對，雕飾精巧。中央拱券門上方有明英宗所賜的鐵鑄『敕建白雲觀』匾額。

從山門到靈官殿是頭進院，殿前有窩風橋和一對旗杆，東西兩廂有雲水堂、十方堂和

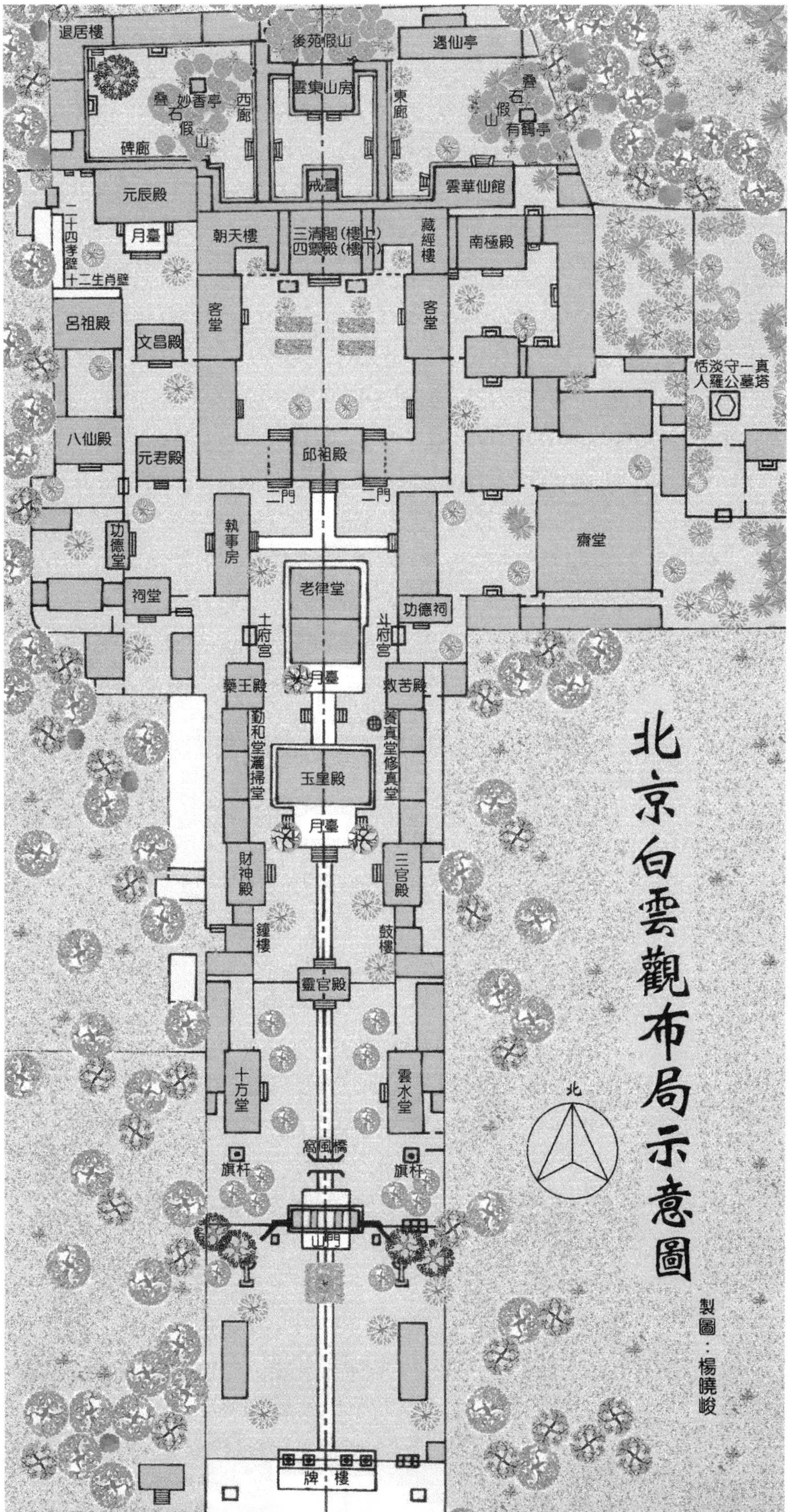

圖五　北京白雲觀布局示意圖

其餘配殿。靈官殿爲白雲觀内山門，建于明景泰七年（公元一四五六年），原名四帥殿，清康熙元年（公元一六六二年）重修，單檐硬山頂，面闊三間，進深一間，造型簡樸。殿内供奉道教護法神王靈官，赤面紅髯，手執鋼鞭，兩側是四帥。

靈官殿到邱祖殿是第二進院子，是正院、大院，院中前有玉皇殿，後有老律堂，都建在高臺基上。玉皇殿建于清康熙元年（公元一六六二年），在靈官殿的後邊，原名玉曆長春殿，五開間，硬山，前面月臺寬達三間，清乾隆五十三年（公元一七八八年）改建。殿內供奉玉皇大帝木雕像，兩側有金童、玉女二木雕像與四天師、二侍臣銅像。兩側山墻上是十二功曹與雷部三十六帥畫像。兩廂前有鐘、鼓樓。東廂有三官殿、修真堂、救苦殿、斗府宮、功德祠。西廂是財神殿、灑掃堂、勤和堂、藥王殿、土府宮。玉皇殿後有廊道連接老律堂的月臺。老律堂又稱全真戒堂，建于明景泰七年（公元一四五六年），也是三開間硬山頂。清康熙賜題『七真翕光』匾額，故又稱七真殿。堂內供奉全真道七真坐像。因爲是白雲觀傳戒處，故稱老律堂。殿前月臺上有清康熙年間所造的銅獸，又名『特』，相傳爲康熙的坐騎，可日行萬里。因在西征中有功，而鑄造供奉。

第三進院子是由邱祖殿、三清四御殿和兩邊的門、廊、客堂以及三清四御殿兩側的藏經樓、朝天樓圍合成的四合院。邱祖殿在老律堂北，建于元至元二十五年（公元一二八八年），元拖雷監國之時，是一座三開間帶前廊的殿堂，原稱處順堂，是全真道龍門派專門供奉邱處機的殿。殿內正中塑有邱祖像，堂下葬邱處機遺脫。殿內陳設着清乾隆皇帝所賜的『癭鉢』，兩壁懸挂的四幅梅花篆字《道德經》，是清代揚州八怪高翔所書。殿內楹聯稱贊邱處机是：『悟道藏玄機，四海馳名聯信崇；見君禮稽首，一言止殺救蒼生』。三清四御殿是一座五開間帶前廊的兩層樓，硬山頂，建于明宣德三年（公元一四二八年）。樓上供奉道教三清，底層供奉四御。東側藏經樓，貯奉明英宗所賜的『正統道藏』一部，計五千三百五十卷，是極其珍貴的道教文獻。

第四進是後苑，建于清光緒十三年（公元一八八七年）。分成四個景區，東、西、後邊三處布置着黃石假山，中部是戒臺和雲集山房與東、西兩條空廊圍合成的小院。東部假山上的有鶴亭和雲華仙館、遇仙亭成爲一組。有鶴亭位于雲集園小蓬萊院內，建于清光緒年間，四角攢尖頂，亭上匾額爲當時清宮副總管太監劉素雲所題。中部的戒臺是道教律師演戒的法壇，對面的雲集山房是誦經場所。西部假山上的妙香亭、碑廊和西北角的道廬退居樓等合成一組。假山上的妙香亭、平面四角方形，進深方向多用了一根中柱，頂上是雙捲棚勾連搭，山面如雲中展翅的大鵬，造型別致。退居樓位于雲集園西部，道士退休後在此頤養天年，建于清光緒年間，低矮的臺基，曲尺形的平面，硬山灰瓦頂，大紅柱子，樓上檐廊是大紅護欄，形似重臺，雀替雕飾回紋捲草，簡樸無華。

東西道院的前面大致與老律堂平齊，不設單獨的院門，做成跨院相通。設立東西道院，是爲十方道衆傳戒時，供受戒道士食宿之用，常設寮房（道士宿舍）、膳堂、厨房之類的房屋。白雲觀的東道院有南極殿、斗姥閣、華祖殿、真武殿和火神殿。厨房的東邊還另有一個小院，專奉羅公塔。西道院有祠堂、功德堂、元君殿、文昌殿、帶有小月臺的元辰殿、八仙殿、呂祖殿、十二生肖壁、二十四孝壁，後門與後苑相通。

西道院的八仙殿，三開間帶前廊，建于清嘉慶十二年（公元一八〇七年），殿内兩側供奉八仙塑像。呂祖殿在八仙殿後，有廊相通，也是三開間帶前廊。殿内正中供奉呂純陽坐像，左、右爲八仙圖。祠堂中供奉龍門宗師王常月，兩側的墻上嵌着元代趙孟頫書寫的《道德經》與《陰符經》石刻。元君殿建于清乾隆二十一年（公元一七五六年），原名子孫堂，又稱娘娘殿。正中供天仙聖母碧霞元君坐像，左右有送子娘娘、催生娘娘、眼光娘娘、天花娘娘的神像。文昌殿在元君殿北，三間，明正統八年（公元一四四三年）建。殿内中間供奉文昌帝君，東爲孔丘，西有朱熹，兩側是手捧文房四寶的侍者，均爲明萬曆年間所鑄銅像。元辰殿在文昌殿之北，五開間，又稱『六十花甲子殿』，原是金章宗年間（公元一一九〇至一二〇八年在位）爲奉祀其母之本命元辰而建的『瑞聖殿』，清代重修後改名元辰殿。殿内供奉六十星宿神（由天干、地支循環相配而成六十之數的星宿擬人塑像，每個人都可以從中找到自己的本命元辰；對六十星宿塑像的膜拜，稱『順星』），殿的中間供奉斗姥神，據説她是北斗衆星之母。

觀的東院有南極殿、斗姥閣。再東還有羅公塔，是羅真人羽化處，清順治時建塔以祀。這是一座佛塔的仿製品，單層須彌座的周邊是白石勾闌，中間是三層密檐塔，底層塔身淺浮雕，華貴而不鋪張，莊重而不孤傲。原來還有華祖殿、真武殿、火神殿，現在都改作寮房。

2 武當山

武當山又名『太和山』，位于湖北十堰市南，屬秦嶺山脉，主峰天柱峰海拔一六一二米，方圓四百公里，爲中國四大道教名山之一。武當山『千巒競秀，萬壑爭幽』，宋代大書畫家米芾贊譽它爲『天下第一山』。這裏有三潭、九泉、十一洞、二十四澗、三十六崖和七十二峰。傳説真武祖師在此修煉四十二年，功成飛升，後世認爲非玄武不能當此，故名武當。相傳周之尹喜、漢之陰長生、晉之謝允、唐之呂洞賓、五代陳摶、宋之寂然子、元之張守清、明之張三豐等均曾修煉于此。唐太宗貞觀年間在此創建五龍祠，宋、元以來，屢有開拓，增修擴建，可惜大多毀于元末明初的兵火。明永樂年間，又在山上大建宮觀，歷時七年，建成八宮二觀、三十六庵堂、七十二岩廟、十二亭、三十九橋等建築群。其中天柱峰頂的金殿是永樂十四年于北京鑄造，運至山頂裝配。金殿和真武銅像，皆爲鎦金，最爲壯麗。現存建築基本是明代遺物，主要宮觀有金殿與太和、南岩、紫霄、五龍、遇真、玉虛等六宮，復真、元和二觀，以及磨針井、玄岳門等。待到明嘉靖三十八年（公

金殿(明)
琼台—金顶索道
紫禁城
金殿(元)
太和宫
三天门
二天门
朝天宫
一天门
清微宫
上琼台观
黄龙洞
上元
七星树
榔梅祠
大转弯
中元
下元
下琼台观
中琼台观
太常观
飞升岩
雷神洞
南岩
太子岩
照虎庙
玉虚岩
紫霄宫
龙泉观
剑河桥
八仙观
灵应岩
太子坡
华阳岩
五龙宫
自然庵
凌虚岩
关帝庙
老君堂
磨针井
尹仙岩
金华洞
回心庵
仁威观
回龙观
长方岭
玄岳门
玉皇阁
凝虚观
元和观
进山门
玉虚宫
草店码头
武当山镇
玄都宫
遇真宫
老营火车站
烈士陵园
老营汽车站
武当山管理局
金花树
修真观
四山庙
五龙行宫
明真庵
太山庙
六里坪
财神庙
南
北

圖六　武當山全景圖

元一五五九年），已是『五里一庵十里宫，丹培翠瓦望玲絨』的繁榮景象。各類神像、法器、經籍都具有較高的藝術價值和歷史价值，是我國著名的道教勝地和世界文化遺産（圖六）。

道教文化與宫觀藝術

楊嵩林　王皓敏

一　『道』與『自然』的影響

『道』爲道教的基本信仰，神仙是『道』的形象化體現。『神仙不死，人能長生成仙』是道教義理的核心命題。道士的修行將『得道成仙』視爲最後的目標和歸宿，這些經過道教予以化解與讖緯之學的文飾，便形成了長生不死、羽化登仙的教理、教義。道教建築作爲人神會際、道士修煉、祀神、齋醮的特殊場所，其選址、布局以及裝飾手法等等無一不忠實地尊從着它的核心教義。

道教對陰陽五行學説和八卦予以化解、吸收，並用來作爲其修煉的基本原則。道教認爲『天下凡事，皆一陰一陽乃能相生，乃能相養』。人作爲萬物之一，祇有依靠陰陽五行與八卦的規律運轉纔能與天地一同循環而得以長生。因此，陰陽五行和八卦思想對道教建築布局、選址到裝飾風格也都有着重要影響。

在『道法自然』的道家思想影響下，崇尚自然、順應自然與回歸自然便成爲道教在建築上的追求。道教建築，在營造思想上循此原則的居多：結合山勢，適應環境，因地制宜地布置建築，創造出見山宜山，見水宜水，既趨山林野趣，又效殿宇府院的形象生動、環境優美的衆多宫觀建築群，以求取技術、藝術與自然的和諧，達到天人合一的境界。

老子説：『富貴而驕，自遺其咎』，『禍莫大于不知足，咎莫大于欲得』，提倡無欲、貴儉。整個漢文化也是『崇尚節儉』的。這種思想在山地宫觀的建築形制與選材上得以充分的體現。建築用材基本上都是當地出産的竹木、泥瓦，不鋪張，不奢華，建築不以官式建築爲獨尊，也常采用淳樸的民居形制。在四川灌縣地區宮觀建築的營造中，可以看出民間工匠的創作風格，他們將祖輩延續下來的做法施行于宮觀建築中，使之呈現出濃鬱的地方特色。

道家認爲清静無欲可以達到人類之間的諧和，即所謂『致虚極，守静篤』，『歸根回静』。道教建築作爲道士修煉內丹（氣功）和外丹（煉金丹）的場所，要求環境幽静、神秘。內丹修煉，都在幾個穴位和臟器間運行意念，環境必求清静。煉外丹，有如原始冶金術，其燒煉過程和結果均無成算，成功與否，全然不知，由此而演繹出煉丹術的神秘性。丹爐是神聖的，丹房是不可侵犯的。這對宮觀建築的選址和平面布局都有着重要的影響。不過，燒成的『金丹』並不是可以吃的，唐朝竟有三個皇帝（太宗、高宗、憲宗）因服丹而中毒身亡。

二　傳統文化與民俗文化

儒、釋、道早已被視爲中國傳統文化的整體形象，但是，歷史上有一個整體化的融合的過程。

孔子與老聃都可謂學識淵博，古之聖人，且二人交誼甚厚。不過孔子治學是爲守舊，而老聃的思想却是維新。這在《莊子·外篇·天運第十四》中有最完整的記載：

孔子對老聃說：『我孔丘鑽研《詩》、《書》、《禮》、《樂》、《易》、《春秋》六經，我自以爲研究了這麼長時間，已深明其精深的道理，以此向這七十二個奸佞不好事的諸侯宣傳先王所製訂的規矩，使他們明白周王朝的中興之路，却沒有一個人願意這麼作。難啊！這人怎麼這麼難于說服？這道理怎麼會都不明白呢？』老子對他的遭遇並不同情，反而說：『太好了，慶幸你没遇到『治世』之君！你那六經，都是先王的舊制度，豈可永世不變！你說，這就是一條路。路是人走出來的，可是人不會總走老路！』

孔子是個守舊派，老子主張革新。孔子治六經，并用以說服諸侯，維護周朝的統治（奴隸）制度，企圖阻止周朝的『禮崩樂壞』。他的學說有利于鞏固統治地位。老聃却主張改換爲新的（封建）制度。所以老聃去周而適秦，找一個革新勁頭最大的地方去生活。他的學說有利于社會進步。

儒家在先秦時期已是顯學，自漢武以來，爲鞏固帝室統治而獨尊儒術，歷經東漢、三國、兩晋、南北朝、唐、宋、元、明、清，儒學一直居于統治地位，成爲中國文化的主流。佛教作爲外來宗教，傳入中國時，因得到統治階級和上層貴族的支持，迅速『儒化』，講忠孝、敬祖宗，得以推廣和發展。産生于民間的道教，爲爭取生存，吸取了佛教經驗，最終取得了統治階級的支持。南北朝以後，成爲官方宗教，從而形成儒、釋、道一家獨尊、兩教爭辯的局面。

自南北朝，統治者對三教都加以利用，起到協調和緩衝的作用。北周起，就有了三教合一的思想。周武帝既崇道，又沙汰佛道，又建通道觀，已明顯地表示：儒家的地位是無可動摇的，佛道兩家也不能水火。到了唐、宋時代，三教合一已成爲大的趨勢。金、元之際形成的全真道派更是道教史上開創性的産物，它是道教内丹派與佛教禪宗、宋明理學相結合的産物。其創始人王重陽認爲，儒釋道三教都是真教，『似一根樹生三枝也』，不獨奉教經，不獨樹一幟，最終形成了三教歸一、兼容并蓄的局面。

三教合一的局面形成以後，三教思想相互融匯，重構自己的哲學體系。這對中國傳統建築文化，又産生了重要而深刻的影響，尤其對于道教宫觀這類宗教建築的影響更是舉足輕重。在道教建築中，既體現出道家思想的圓和、智慧，又遵從儒家的忠孝、倫禮，還藉助佛教輪迴報應與三世經説。多種建築文化互補兼收，形成一種既有特色、又豐富多彩的建築形象。

道教發源于民間，而後攀附于帝王。其所反映的民俗、民願，來自底層社會大衆的心靈、智慧，是人類文明發生和發展的基石，是一個民族所固有的本質文化、基礎文化。道教建築源于民間的生活空間和環境，對這種基層文化現象有所反映，并且道教在創建的過程中就依民俗建築來建構自己的體系，因此道教宫觀，無論從形制、分布還是單體、建築風格以及裝飾藝術等各方面都和各地的民俗建築文化有着不解的淵緣。

三　原始宗教的祭祀意識

（一）祭祖

道教的奉祀建築，源于華夏先民的墓葬祭祀活動。

在古代，以血緣紐帶聯結起來的原始時期的先民們，還在母系氏族社會時就『創造』出了人的『魂靈』，待到了父系氏族社會，已經相信人的『魂靈』在死後會進入另一個世界。因此在墓葬中應帶去他（她）生活中的必需品，即隨葬品，以便于他在另一個世界裏生活。特別是對部落的首領，更祈求他在另一個世界裏，也要像他生前一樣，庇護其子孫們的生活。一旦在他們有不如意的時候，更加懷念先前的部落首領，便會找到他的墓前，傾訴不幸，祈求護祐。總會有一次，在他們的傾訴和祈求之後，有了稱心的生活，他們就會相信這是先前的首領在冥冥中保護了他們。久而久之，就形成了祭祖的習俗。這是人類的原始文明。先民們在向祖先墓地進行祭享活動以外，又會向象征祖先神靈的『神主』或曰『牌位』祭祀。從夏、商、周到春秋戰國時期，逐步規範爲『左祖右社』的祭祀制度，并在整個中國封建社會中一直延續不斷。反映到道教是對『道祖』的祭享。而祭祀場所常是『道祖』生前的居住、修煉、『升化』之所。這些建築就是早期民間道教的殿堂，隨着道教的改造和向官方道教的衍化，纔逐步移入皇家的宮觀。道教宮觀的規模與形制，則視其『官化』的程度和爲皇家所能接受的程度而定。

（二）祀神

道教奉祀建築的第二個來源，是原始宗教中的靈魂不死思想和秦漢時期的神仙思想，作爲與神溝通的特殊場所，逐漸發展演變成爲祀神之所。

灌縣青城山地區北通湔氐，西達邛棘，是西南夷各族人民經濟、文化交流的走廊，所謂『六夷、九氐、七羌』雜居之地。蒙文通先生在《道教史瑣談》中說：『五斗米道原行于西南少數民族』，即張道陵當初所學之道就是川北各部族的宗教信仰，是從民間流行的巫鬼道演變而來。王家祐先生也認爲，當初的天師道是吸取了巴（蜀）族的原始巫術（鬼道）與地區傳統民俗而創建的。如青城山現存的龍宮石室、龍居山等古地名是五龍氏（成候之國的龍族人）居住地。鬼城山、誓鬼臺等舊址是青城山信奉鬼道的土著部族居住地。并且早在殷周時期，蜀人就有祭禮五方的祀典，故『五龍』、『五顯』等地名在青城山特別多。《華陽國志·蜀志》及《後漢書·方術傳》中也提到西蜀通曉占卜、金丹方術者甚多，許多人早在張道陵來此之前已來青城山修煉。因此，這些祭祀、修煉之所，也成爲灌縣道教建築的前身。

道教建築種類繁多，這在其他宗教建築中是不多見的。道教建築的這種現象與道教的多神譜系有着密切的關係，而中國古代原始宗教又爲道教提供了多神共存的思想。因此，道教在它的發展和傳播過程中，吸收和造構的神靈越來越多，有的被淘汰，有的被保留，最後形成一個複雜龐大的體系。道教置身于中國文化土壤中，其神靈的構築無一例外地從這塊土地上能找到它的源頭。

（二）道教神仙體系

中國古代有着豐富的神話傳説，有許多神話人物最後變成了道教教徒頂禮膜拜的神靈。道教在繼承它們的過程中，有的基本承襲，有的在承襲基礎上加以改造，使之成爲富有道教色彩的神靈。民俗神中的大部分屬于前者；黄帝、東王公、西王母、九天玄女等仙真屬于後者。因此，在道教建築中，還出現了大量具有濃鬱民間色彩的民俗道教建築，它們散見于山野村間，與人們的日常生活休戚相關，成爲道教建築的一大特色，如各地的土地廟、城隍廟等。

早在戰國時，《周禮·大宗伯》中已概括出『天神、地祇、人鬼』的崇拜系統。其天神有昊天大帝、日月星辰、風伯、雨師；地祇有社稷、五岳、山林萬澤，四方百物；人鬼主要爲祖先。道教初立時，所供奉的神靈名目並不多，均未超出《周禮》所概括的『天神、地祇、人鬼』的格局。道教按照這種格局來創造和禮拜自己神靈時，也繼承了許多神名，如四御、玉皇、五老君、五星七曜、北斗七星、四靈二十八宿、真武大帝以及東岳、雷神等。

道教認爲，神仙不同于凡人，其居所之處必不與世人往來。早在戰國時，就有『海中有三神山，名曰蓬萊、方丈、瀛洲，仙人居之』的方士之説。道教創立後，接受了方士的遺産，繼續信仰海上神山説，并在東晋對三神山加以擴充，形成『十洲三島』説，視祖洲、瀛洲、玄洲、炎洲、長洲、元洲、流洲、生洲、鳳麟洲、聚窟洲等十洲和昆侖、方丈、蓬丘（即蓬萊）等三島爲神仙栖息之所。

神仙所居之最佳境界在雲天之上，其造構始于東晉。《度人經》中根據中國古代已有的資料，吸取佛教中三界（欲界、色界、無色界）思想，提出三十二天説，并在以後衆人的闡釋增飾下，逐步形成『三十六天』説。它同十洲三島説一樣，均屬虛無不可及之仙境。

最終影響道教建築選址的是洞天福地的確立。

道教神仙除居住在海上、天界以外，還居于人迹罕至的名山，并稱之爲『洞天福地』。其造構始于東晉。『洞』即『通』，一方面指洞室可以通達上天，另一方面指居山修道可以成神通天。『福』指福祥，謂就地修道可得福度世。又按其等次，分爲十大洞天、三十六小洞天和七十二福地，并與真實的地理位置相對應。這些處于人間的洞天福地除極少數未詳所在外，皆有實地。洞天福地的界定實際上是道教建築位置和環境的界定，這決定了道教宮觀多立足于洞天福地諸名山中，而將可望不可及的海中仙境和虛無飄渺的天上仙境作爲得道成真的最後歸宿。

四　仙人、仙境對道教建築的影響

從上面可以看出，以上三種仙境都有一個共同點，就是都離不開一個『山』字。十洲三島本身就是一組神奇美妙的仙山，而三十六洞天爲梵氣所顯現，神仙居住之宮殿仍建在高山之上，地上的洞天福地更是以山爲依托。這種對山的重視一方面決定了虛構的神仙世界無法全憑子虛，必須藉助于世間的某種現成物——即我們所談論的道教宮觀；另一方面確定了山在道士修行中的重要地位。所以，我們今天看到的道教建築多設在高山，而這些高山與佛教高山有着本質的區別，那就是它被賦予了神仙仙境的內涵，由此決定了它的人文景觀——宮觀建築群必然具有濃厚的神仙色彩。

五　奉祀道教尊神的宮觀

這是典型的宮觀建築，主要有三清殿、四御殿中的玉皇樓（殿）、聖母殿、斗姥殿、靈官樓、真武宮（奉玄武神）、三官殿（奉天官、地官、水官）等，其中以三清殿、玉皇樓等級最高，其餘也均享有較高的等級，因此在布局中，它們往往居于主軸綫上，處在主殿位置。

某些神祇被賦予了更多的民俗涵義，通稱俗神，與人們的日常生活更爲貼近。這類神主祠是城隍廟、土地廟、財神廟、火神廟、魁星閣、奎光塔等等，及各宮觀入口處的門神——青龍、白虎殿，這是道觀山門的二大守護神，左爲青龍名孟章，右爲白虎名監兵。

六　奉祀道教祖師和歷代聖賢的宮觀

五岳廟是帝王祭天之所，并非正式道觀，祇因爲道教把五岳大帝也奉爲自己的神祇，而道教真正供奉的是祖師。祖師中的最高位，當然是老聃，他的封號，隨朝遞加。這個周朝的『守藏室之吏』，現在來説頂多是個圖書館館長。在唐代，從高祖爲老聃立廟，定道教爲國教，到高宗追尊老君爲『太上玄元皇帝』之後，唐玄宗李隆基連連加封三次，到天寶十三年（公元七五四年）竟加封到了『大聖祖高上大道金闕玄元天皇大帝』。三清殿是道教宮觀中的主殿、正殿，太上老君神主位常在正殿中央，是三清中唯一不全是虚擬的最高神。在樓觀臺的老子祠中，則尹喜和徐甲左右夾侍，或專祠供奉。有趣的是，徐甲是追隨李聃千里討債的債主，道教經卷中説他是給老聃牽牛的牛童。全真派宮觀中有全真教祖王重陽、邱處機的專祠。還有其他道觀，如關帝廟、媽祖廟、土地廟、龍王廟之類，亦屬專祠，可以各自獨立的。

道教除奉祀以上虚構的神仙外，還供奉歷史上確有其人的聖賢哲人。如四川灌縣地區、貴州鎮遠地區多明、清時期所建的道教宮觀，這裏的儒道聖賢均被納入道教建築的供奉之中，儒、道兩家的互融互補直觀地表現在建築上。

老子和皇帝作爲道教供奉的古仙人受到了异乎尋常的重視。在四川青城山古常道觀中，不僅三皇殿中祀有皇帝、神農、伏羲，還建有專門的軒轅祠專祀黄帝；老子作爲道教教祖，推崇爲至高之神，因此除在三清殿中供奉以外，還多處設有祖師殿、老君殿（閣）。

李冰作爲有功德于人民的人，也被道教奉爲尊神之一。在各種流傳的神道著作中，李冰及其子二郎都被塑造成神的形象。祭祀李冰父子的二王廟一直都是著名的道教道場，被稱爲道教的崇德廟、李主廟、二王廟或二郎廟。道教還將李冰尊奉爲清源妙道真君川主，千百年來受到百姓的崇敬和保護，别的宗教和社團包括舊社會的軍閥駐軍都不加侵犯，二王廟和其道教的優良傳統遂因此得以長期的保持和發展。另外，紀念四川天師道創始人張道陵的有天師殿；紀念著名道士天師道首領范長生、杜光庭的有建福宫的長生殿、丈人祠、伏龍觀（宋代以前稱范賢館）；在奉祀道教天神玉皇的上清宫配殿中，還有供奉儒家聖人孔子與三國時著名蜀將關羽的文武殿，形成了儒、道共尊的局面。

貴州鎮遠青龍洞始建于明代，從明弘治年到清光緒年間，陸續增修正乙宫、呂祖廟、觀音殿、斗姥宫、玉皇閣等，其中的觀音殿是道教宫觀，供奉的『觀音大士』不是佛教的觀世音菩薩，是道教的仙女。

鎮遠紫陽書院供奉的宋代大儒朱熹，是程朱理學的思想家。

鎮遠天后宫北靠石屏山，南臨舞陽河，近百級臺階延伸到河岸碼頭，是古碼頭石階最多最陡的一處。天后宫是舞陽河水運發達的見證。天后宫在沿海一帶稱『媽祖廟』。内陸天后宫並不多見，舞溪以上祇有三處，即湖南芷江、貴州鎮遠和黄平舊州。天后宫建築年代較晚，但值得注意的是，在正殿重檐翹角和屋脊上，都是鳳在上而龍在下，這不祇表明該建築造于慈禧當政時期，更表明對媽祖地位的推崇。

鎮遠四官殿供奉戰國時期四大名將吳起、廉頗、王翦、李牧。四官殿建在石屏山中段九曲崗上端，懸壁凌空，旁設關卡，大有一夫當關、萬夫莫開之勢。茅山道院九霄萬福宫的太元寶殿（祖師殿）内，還供奉着岳飛元帥。

鎮遠紫皇閣位于府城西段半崖上，由僧尼主持。這種現象很普遍，如四川峨嵋山純陽殿（原名呂仙行祠），吉林北山關帝廟，都是由僧尼主持。在泰山的斗姆宫中，既有尼姑，又有女冠。

七　宫觀類型的形成與仙境的創造

道教建築在類型上不僅因道教教義的因素而多樣化，而且采納傳統文化中的儒家思想，並受佛教影響，以『太上爲祖，釋家爲宗，夫子爲科牌』，不獨樹一幟，不唯道經是從，不獨尊道教教主，三教並重，兼容并蓄，使得儒、釋、道之聖共尊于道教建築之中。道教融于傳統文化，道教建築也因與傳統建築文化的融合而趨于成熟。

道教改革前後有很大區別。改革之前，其活動場所主要在山區，在民間，其主要建築也都在山區、民間。改革之後的官方道教，爲迎合皇家和貴族的需要，開始在平原、城市開展活動，宮觀纔逐漸爲道教所利用。早期的道觀多爲府邸、宅院。如唐長安城內宮觀三十所，宅置觀的就有十八處。

宮觀本來不是道教建築，是爲皇家迎神、祀神而設。祇是在道教與皇家合流之後，皇家的迎神宮觀纔成了道教宮觀。道教有了宮觀，也就由俗而雅，由卑而尊了。

四川是道教的發源地，在地理條件上有着得天獨厚的優勢。境内多山地、邱陵，却也有廣闊的平川。宮觀建築大部分設于山地之中的山坳、山麓乃至山巔，也有少量置于平原、城鎮。在四川的宮觀之中，位于平原的子孫叢林僅存成都青羊宮一處。因唐、宋、元以來，道教爲弘揚其宗教，着意于與皇權的結合，這就要求道士從深山步入便于宣教的平原城鎮，全真道的叢林更是如此。

青羊宮作爲全真道的子孫叢林，其舊址是唐節度使鮮于仲的宅院。天寶十五年（公元七五六年）唐玄宗因避安史之亂幸蜀，駐蹕于此。其後，唐僖宗廣明元年（公元八八〇年）避黄巢起義之亂又奔蜀，以此地爲行宮，長達四年之久。返長安後，即下詔易觀爲宮，並賜錢二百萬大事修建，逐成爲川中第一道觀。唐末毁于戰火，宋時復建，名青羊宮。後屢建屢毁，最後一次在清康熙年間重建，道衆雲集，成爲全真道一大叢林。

青羊宮中的唐王殿，其殿名得之于光緒八年，殿内先後供奉唐玄宗畫像和李淵及竇太后塑像，以示唐朝皇帝和李老君同宗、同源，同爲一家，唐王殿成爲歷史上皇帝和神仙攀親，即『政教合流』的産物。

（一）山地宮觀及其選址原則

由于道教發源于亂世、民間，早期道教要麽是爲避亂世而入深山，如張道陵的天師道；要麽是聚衆造反而嘯聚山林，如張角的太平道。道教伊始，就與山有着不解之緣。兩千年來的道教建築，處于山地的宮觀數量占绝對多數。山地中地形複雜多變，具體選址又受到道教陰陽典數的影響，也正是陰陽典數的運用，使得宮觀建築得地勢之利，與之結合成爲名副其實的洞天福地、人間仙境。

灌縣地處四川盆地成都平原西沿，爲青藏高原東翼山地中的邛崍山小區。青城山是邛崍山南下的東支，山中有三十六峰，一百零八勝景，以清幽著稱，素有『青城天下幽』之美譽。大量的宮觀建築集中于此，與以下三個原因密不可分：

1 迎神與成仙

在道教創立之初便承襲了秦漢之季方士們的神仙信仰，神仙居住的地方大多數都是山岳、海島。而漢武的仙觀又都建造得高聳入雲，或是在高山之上。這使得道教與山岳結下了不解之緣，並附會出十大洞天、三十二小洞天以及七十二福地等理想的仙山佳境。青城山是道教十大洞天的第五洞天，名爲『寶山九室之洞天』。作爲充分反映道教神仙信仰與仙境的青城山，自然山上山下集中了大量的宮觀建築。唐代道士杜光庭曾提到：山中七十二小洞，應七十二侯，八大洞，應八節，乃『神仙都會之府』。

都江堰市內的宮觀也都居于山地，城隍廟位于翠屏山，二王廟在玉壘山，伏龍觀據離堆之頂。

2 密室煉丹

道教宮觀多數分布在山地之中還受到道家『清靜無爲，少欲寡欲』思想的影響。信徒們認爲，衹有在感情上做到不喜不怒，喜怒爲疾，纔能長視久生，羽化登仙。因此，道士多選擇到僻靜的山林去修道煉丹。而且道教修煉方法諸如服食、吐納、行氣等也要求到空氣新鮮、沒有喧鬧的環境中進行，采藥煉丹則必須到深山中去，故遠離城市的高山峻嶺是道徒們最理想的去處。所以青城山地區（包括前山、後山）的宮觀建築千百年來始終是增建不衰。

3 隱士、道士、名流

歷史上的很多著名道士同時也是當時著名的學者和文人，他們受歷史時代思潮和時代風尚的影響，爲了取得一定的社會地位而文人化、名士化。如西晉的范長生、唐代杜光庭等等都是當時社會的知名人士。西晉末年，青城山道士范長生是青城山地區的大地主，『善天文，有數術』，曾協助李雄攻克成都稱帝。這些躋身于宮廷，再撰上幾本成仙了道的書，就成了儒雅的道士，屬于知識分子階層，具有高文化修養，對于名山有着很高的鑒賞力。他們將這種對大自然的熱愛、閑雲野鶴般的高逸氣質融入到建築選址上。灌縣地區的宮觀都坐落在山上風景絶佳的地方，青城山上的那些宮觀和離堆之巔的伏龍觀等等，莫不如是。

（二）山地選址與仙境的創造

山地宮觀建築，首先要滿足的是道士生活的需要，其次纔談得上宗教活動的需要。因此，選址要爲生活條件創造方便，提供可能。生活對宮觀基址的客觀山地條件有以下要求：

第一、要有良好的小氣候，背風向陽，氣流暢通，能排泄山洪；

第二、要靠近樹林，以便就近采薪，解決能源問題；

第三、靠近水源，以便獲取生活用水。

事實也證明，具備以上三個條件的地段，也是風水最好的地段。這種客觀生活條件的滿足與傳統的風水學説（陰陽典數）是一致的，即建築背山面水，負陰抱陽，對氣進行疏導、會聚，滿足龍、砂、穴、水四個基本條件。宮觀建築將傳統的陰陽典術和客觀生活需要相結合，對神仙意境的創造起到了很大作用。

道教在成爲皇家道教之後，也有幸栖身于宮觀樓閣之中，飄飄然的感覺使得道士們更幻想出人間仙境、仙山瓊閣來，不再是真的石洞、草廬，確實就是殿閣樓宇。不僅可以迎神候仙，簡直可作神仙窟宅，于是，在高山絶頂布置宮觀建築。這些宮觀，居位險峻，視野開闊，山風颯颯，雲生側畔，使人有處身雲天之感。如青城山的老君閣、呼應亭，都江堰的伏龍觀、江油縣竇山巔的東岳、魯班、寶真三殿，千山玉皇閣，泰山玉皇頂，華山翠雲宮、金天宮，茅山九霄宮等都位居絶頂。

老君閣與呼應亭雄據青城山第一峰彭祖峰巔（海拔一千米），高矗入雲，成爲全山的制高點。伏龍觀則占據了離堆的整個山頂，在不到一千平方米的山頂空間布置了三重大殿和象多亭、臺、迴廊，并在山頂最高處布置兩層的玉皇樓，最前端懸崖處布置平臺，上置懷古與灌瀾二亭，極盡險要。因四周空闊，故以兩進四合院的形式界定山頂空間，以藏風聚氣。

地處山巔絶頂的宮觀便是取其高高在上，居高而近天之意。居觀俯視，有超塵脱俗之感。山脚仰觀，唯見殿宇融于天際，檐角婆娑，天光閃爍，呈現出一派天宮景色，濃厚的神仙氣氛。

除少數高據山巔，大量的宮觀還是選址于山麓、山坳的臺地、坡地，背山面水，負陰抱陽，以傳統風水學説中的陰陽典術爲指導思想，對『氣』進行疏導、會聚和回收，使建築與自然環境有機結合，造就神奇幽靜的神仙氣氛。

龍、砂、穴、水爲選址的四個首要條件，在具體運用中，采取了有則用、無則建的措施。如都江堰二王廟背依玉壘山，面對岷江，左右無山，便于中心院落兩側建兩組附屬院落，用以聚氣。月城湖處的宮觀居于丈人峰山麓一内聚盆地中，面臨山溪會聚而成的月城湖，三面環山，風水極佳。圓明宮位于青城山丈人峰北木魚山的小坡谷地，以寶瓶山爲屏，正對圓包山，孤峰獨奇，异常幽靜。玉清宮坐落在丈人峰北坡，環境幽靜，在殿堂平臺上，可穿過左右兩山俯視山下平疇，視野非常開闊，居于山坳，山深林靜，山水皆備，環境幽邃，充分體現了道家道德清虛的追求。這些宮觀均是處于四面環山、負陰抱陽的坡、臺地或内聚形盆地上，宮前或原有河流，或鑿池集水，或打井取水，以造就背山面水的環境。

青城山天師洞的選址更是精心之作，古常道觀近七千二百平方米的建築群位于白雲溪與海棠溪之間的山坪上，海拔高一千米，背以第三混元頂作屏，左結青龍崗，右携黑虎塘，三面環山，正前爲白雲谷，視野開闊，可覽幽谷勝境。整座道觀東向略偏北，建築平面以中心院落爲核心盡力向外擴張，東西兩附屬院落直抵兩側山脉，前山門的青龍白虎殿向前一直延伸到谷地邊緣，更使得建築臨風納水，對氣起到很好的回聚，同時，整個龐大的建築體量也與四周大山相協調。

綜上所述，道家對于宮觀建築的精心選址充分體現了宗教感情與世俗生活需要的結合，同時陰陽典術的運用也反映了道家思想對于其宮觀選址的指導作用，所以這種選址是宗教意識、傳統文化審美意識以及世俗思想的綜合反映。

附錄一

全國重點文物保護單位中的道教宮觀

國務院宣布的第一批重點文物保護單位：

道教宮觀	時代	備注
山西太原晉祠聖母殿	宋	
山西芮城永樂宮	元	
湖北十堰武當山金殿	元、明	世界文化遺產

國務院宣布的第二批重點文物保護單位：

道教宮觀	時代	備注
天津義和團呂祖堂壇口遺址	清	
江蘇蘇州玄妙觀三清殿	宋	
河北曲陽北岳（真君）廟	元	
湖北十堰武當山紫霄宮	明	世界文化遺產
山東蓬萊蓬萊水城及蓬萊閣	明	
雲南昆明太和宮金殿	清	

國務院宣布的第三批重點文物保護單位：

道教宮觀	時代	備注
山西晉城玉皇廟	宋—清	
山東泰安岱廟	宋—清	
陝西華陰西岳廟	明—清	
遼寧北鎮廟（醫巫閭山神廟）	明—清	
遼寧蓋縣玄貞觀	明	
山西萬榮東岳廟	元—清	
山西運城解州關帝廟	清	
貴州鎮遠青龍洞	清	
福建泉州天后宮	清	
福建泉州老君岩造像	宋	

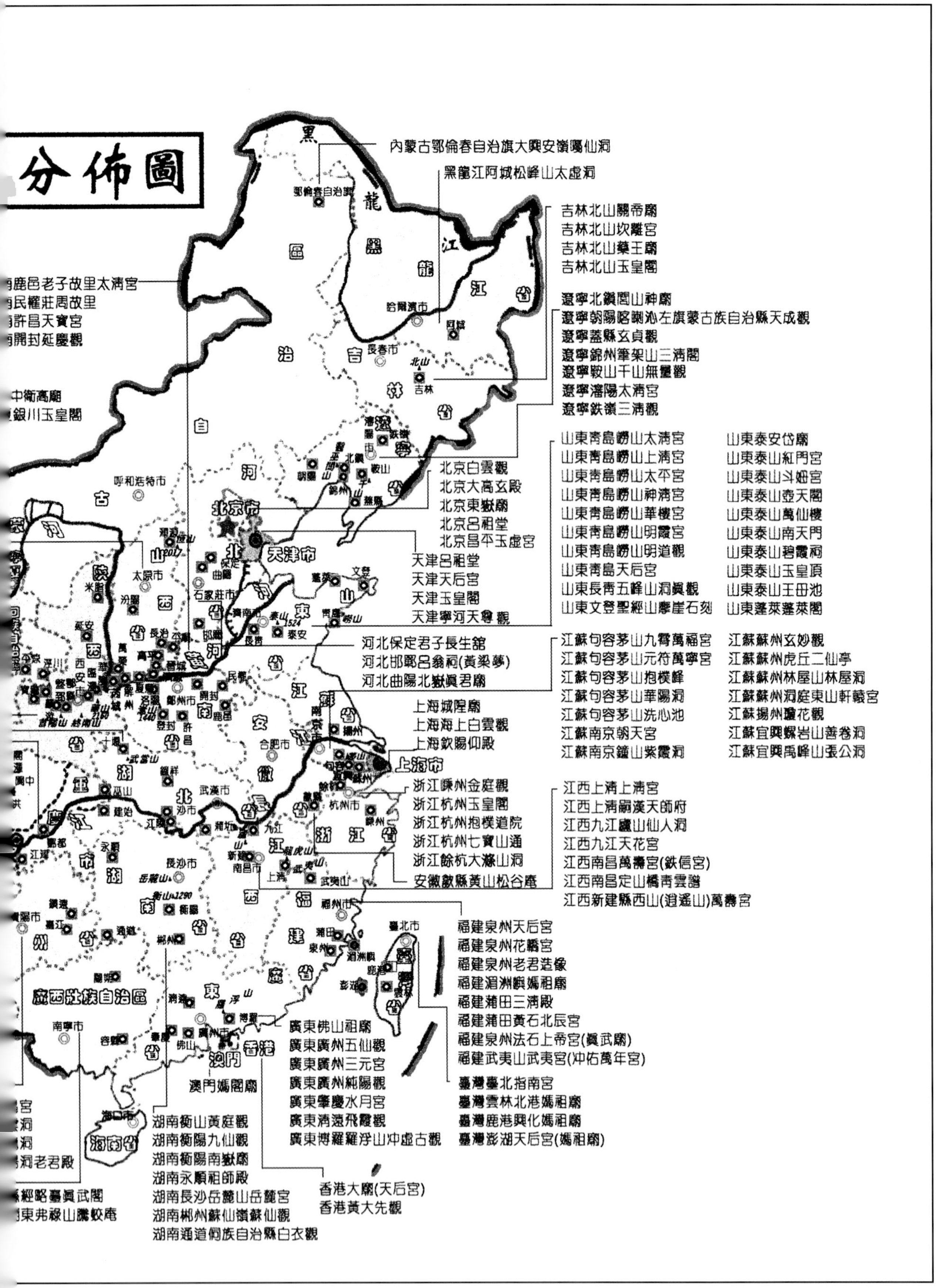
分佈圖
內蒙古鄂倫春自治旗大興安嶺嘎仙洞
黑龍江阿城松峰山太虛洞
吉林北山關帝廟
吉林北山坎離宮
吉林北山藥王廟
吉林北山玉皇閣
遼寧北鎮閭山神廟
遼寧朝陽喀喇沁左旗蒙古族自治縣天成觀
遼寧蓋縣玄貞觀
遼寧錦州筆架山三淸閣
遼寧鞍山千山無量觀
遼寧瀋陽太淸宮
遼寧鐵嶺三淸觀
山東青島嶗山太淸宮
山東青島嶗山上淸宮
山東青島嶗山太平宮
山東青島嶗山神淸宮
山東青島嶗山華樓宮
山東青島嶗山明霞宮
山東青島嶗山明道觀
山東青島天后宮
山東長靑五峰山洞眞觀
山東文登聖經山摩崖石刻
山東泰安岱廟
山東泰山紅門宮
山東泰山斗姆宮
山東泰山壺天閣
山東泰山萬仙樓
山東泰山南天門
山東泰山碧霞祠
山東泰山玉皇頂
山東泰山王母池
山東蓬萊蓬萊閣
北京白雲觀
北京大高玄殿
北京東嶽廟
北京呂祖堂
北京昌平玉虛宮
天津呂祖堂
天津天后宮
天津玉皇閣
天津寧河天尊觀
河北保定君子長生館
河北邯鄲呂翁祠(黃粱夢)
河北曲陽北嶽眞君廟
江蘇句容茅山九霄萬福宮
江蘇句容茅山元符萬寧宮
江蘇句容茅山抱樸峰
江蘇句容茅山華陽洞
江蘇句容茅山洗心池
江蘇南京朝天宮
江蘇南京鐘山紫霞洞
江蘇蘇州玄妙觀
江蘇蘇州虎丘二仙亭
江蘇蘇州林屋山林屋洞
江蘇蘇州洞庭東山軒轅宮
江蘇揚州瓊花觀
江蘇宜興螺岩山善卷洞
江蘇宜興禹峰山張公洞
上海城隍廟
上海海上白雲觀
上海欽賜仰殿
浙江嵊州金庭觀
浙江杭州玉皇閣
浙江杭州抱樸道院
浙江杭州七寶山通
浙江餘杭大滌山洞
安徽歙縣黃山松谷庵
江西上淸上淸宮
江西上淸嗣漢天師府
江西九江廬山仙人洞
江西九江天花宮
江西南昌萬壽宮(鐵信宮)
江西南昌定山橋靑雲譜
江西新建縣西山(逍遙山)萬壽宮
福建泉州天后宮
福建泉州花橋宮
福建泉州老君造像
福建湄洲嶼媽祖廟
福建莆田三淸殿
福建莆田黃石北辰宮
福建泉州法石上帝宮(眞武廟)
福建武夷山武夷宮(冲佑萬年宮)
臺灣臺北指南宮
臺灣雲林北港媽祖廟
臺灣鹿港興化媽祖廟
臺灣澎湖天后宮(媽祖廟)
廣東佛山祖廟
廣東廣州五仙觀
廣東廣州三元宮
廣東廣州純陽觀
廣東肇慶水月宮
廣東淸遠飛霞觀
廣東博羅羅浮山冲虛古觀
香港大廟(天后宮)
香港黃大先觀
澳門媽閣廟
湖南衡山黃庭觀
湖南衡陽九仙觀
湖南衡陽南嶽廟
湖南永順祖師殿
湖南長沙岳麓山岳麓宮
湖南郴州蘇仙嶺蘇仙觀
湖南通道侗族自治縣白衣觀
鹿邑老子故里太淸宮
民權莊周故里
許昌天寶宮
開封延慶觀
中衛高廟
銀川玉皇閣
黑龍江省
吉林省
遼寧省
河北省
山西省
陝西省
山東省
河南省
江蘇省
安徽省
浙江省
湖北省
湖南省
江西省
福建省
廣東省
廣西壯族自治區
海南省
內蒙古自治區
北京市
天津市
上海市
香港
澳門
哈爾濱市
長春市
吉林
阿城
呼和浩特市
太原市
石家莊市
濟南市
泰安
鄭州市
開封
合肥市
武漢市
杭州市
長沙市
南昌市
福州市
臺北市
廣州市
南寧市
海口市

【附件二】:

中國道教宮

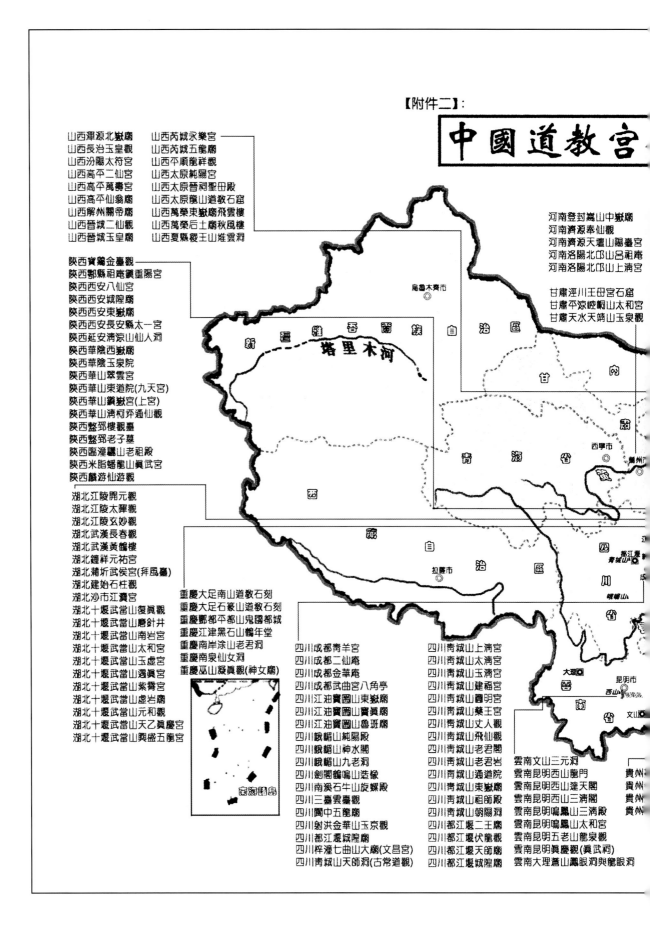

山西渾源北嶽廟
山西長治玉皇觀
山西汾陽太符宮
山西高平二仙宮
山西高平萬壽宮
山西高平仙翁廟
山西解州關帝廟
山西晉城二仙觀
山西晉城玉皇廟
山西芮城永樂宮
山西芮城五龍廟
山西平順龍祥觀
山西太原純陽宮
山西太原晉祠聖母殿
山西太原龍山道教石窟
山西萬榮東嶽廟飛雲樓
山西萬榮后土廟秋風樓
山西夏縣稷王山堆雲洞

陝西寶雞金臺觀
陝西鄠縣祖庵鎮重陽宮
陝西西安八仙宮
陝西西安城隍廟
陝西西安東嶽廟
陝西西安長安縣太一宮
陝西延安清涼山仙人洞
陝西華陰西嶽廟
陝西華陰玉泉院
陝西華山翠雲宮
陝西華山東道院(九天宮)
陝西華山鎮嶽宮(上宮)
陝西華山清柯坪通仙觀
陝西盩厔樓觀臺
陝西盩厔老子墓
陝西臨潼驪山老祖殿
陝西米脂蟠龍山真武宮
陝西麟游仙游觀

湖北江陵開元觀
湖北江陵太暉觀
湖北江陵玄妙觀
湖北武漢長春觀
湖北武漢黃鶴樓
湖北鐘祥元祐宮
湖北蒲圻武侯宮(拜風臺)
湖北建始石柱觀
湖北沙市江瀆宮
湖北十堰武當山復真觀
湖北十堰武當山磨針井
湖北十堰武當山南岩宮
湖北十堰武當山太和宮
湖北十堰武當山玉虛宮
湖北十堰武當山遇真宮
湖北十堰武當山紫霄宮
湖北十堰武當山虛岩廟
湖北十堰武當山元和觀
湖北十堰武當山天乙真慶宮
湖北十堰武當山興盛五龍宮

重慶大足南山道教石刻
重慶大足石篆山道教石刻
重慶酆都平都山鬼國都城
重慶江津黑石山鶴年堂
重慶南岸涂山老君洞
重慶南泉仙女洞
重慶巫山凝真觀(神女廟)

四川成都青羊宮
四川成都二仙庵
四川成都金華庵
四川成都武曲宮八角亭
四川江油竇圌山東嶽廟
四川江油竇圌山竇真廟
四川江油竇圌山魯班廟
四川峨嵋山純陽殿
四川峨嵋山神水閣
四川峨嵋山九老洞
四川劍閣鶴鳴山造像
四川南溪石牛山旋螺殿
四川三臺雲臺觀
四川閬中五龍廟
四川射洪金華山玉京觀
四川都江堰城隍廟
四川梓潼七曲山大廟(文昌宮)
四川青城山天師洞(古常道觀)

四川青城山上清宮
四川青城山太清宮
四川青城山玉清宮
四川青城山建福宮
四川青城山圓明宮
四川青城山藥王宮
四川青城山丈人觀
四川青城山飛仙觀
四川青城山老君閣
四川青城山老君岩
四川青城山通道院
四川青城山東嶽廟
四川青城山祖師殿
四川青城山朝陽洞
四川都江堰二王廟
四川都江堰伏龍觀
四川都江堰天師廟
四川都江堰城隍廟

雲南文山三元洞
雲南昆明西山龍門
雲南昆明西山達天閣
雲南昆明西山三清閣
雲南昆明鳴鳳山三清殿
雲南昆明鳴鳳山太和宮
雲南昆明五老山龍泉觀
雲南昆明真慶觀(真武祠)
雲南大理蒼山鳳眼洞與龍眼洞

貴州
貴州
貴州
貴州

河南登封嵩山中嶽廟
河南濟源奉仙觀
河南濟源天壇山陽臺宮
河南洛陽北邙山呂祖庵
河南洛陽北邙山上清宮

甘肅涇川王母宮石窟
甘肅平涼崆峒山太和宮
甘肅天水天靖山玉泉觀

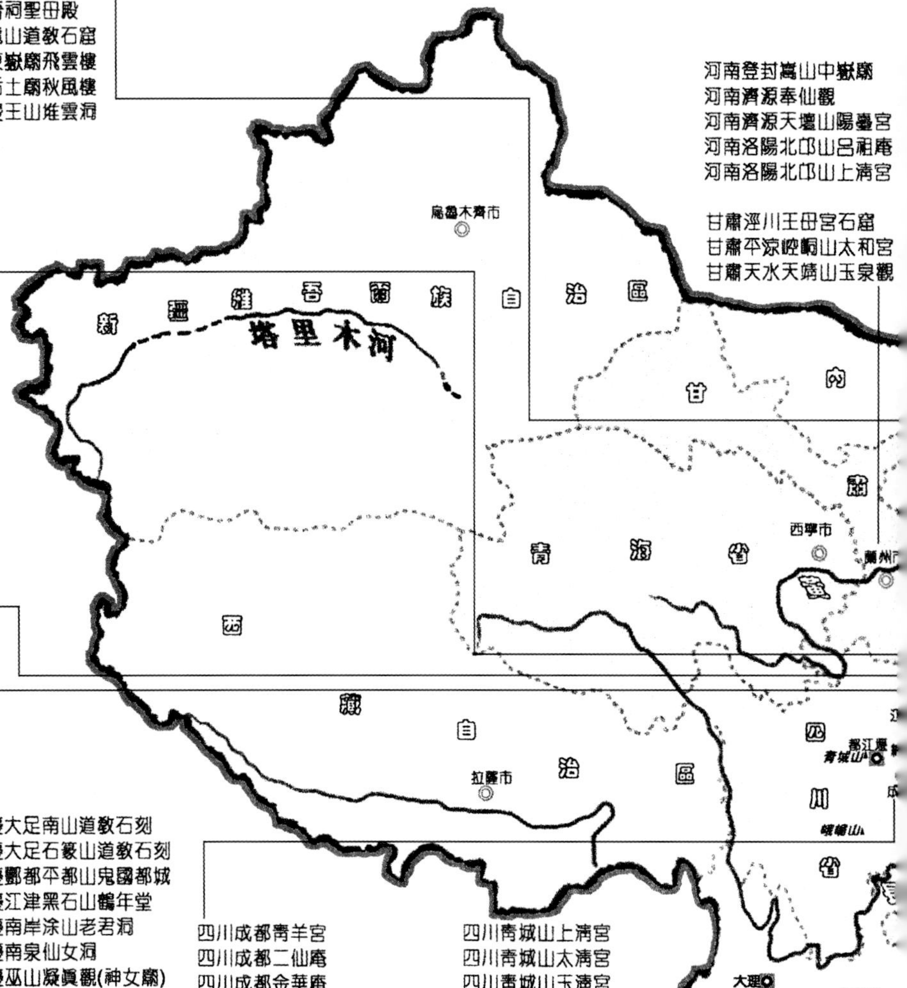

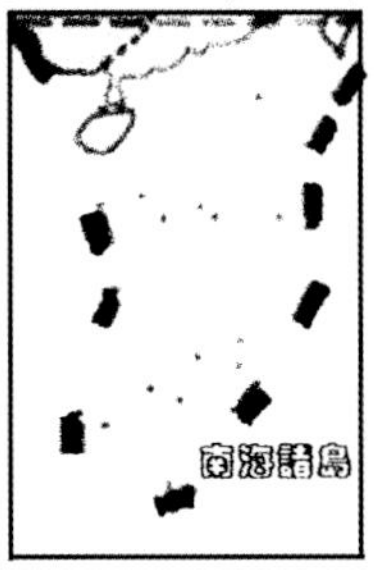

主要參考書目

一　二十四史，中華書局1982年第二版

二　老子・莊子・列子，岳麓書社1989年出版

三　三輔黄圖，漢魏叢書九十六種，上海大通書局影印

四　越絶書，漢魏叢書九十六種，上海大通書局影印

五　西漢會要，上海古籍出版社出版

六　唐會要，上海古籍出版社出版

七　四書五經，天津市古籍書店1988年影印第一版

八　華陽國志校注，劉林校注，巴蜀書社1984年第一版

九　徐霞客游記校注，朱惠榮校注，雲南人民出版社1985年第一版

一〇　中國道教史，任繼愈主編，上海人民出版社1990年第一版

一一　道教建築，喬勻著，中國建築工業出版社出版

一二　中國美術分類全集・壇廟建築，白佐民、邵俊義主編，中國建築工業出版社1991年第一版

一三　四川古建築，四川古建築編輯委員會編，四川科學技術出版社1992年第一版

一四　道教文化辭典，張志哲主編，江蘇古籍出版社1994年第一版

一五　中國名勝詞典，文化部文物局主編，上海辭書出版社1986年第二版

一六　中國宗教名勝，任寶根、楊光文編著，四川人民出版社1989年第一版

一七　中國的寺廟，田尚主編，中國青年出版社1991年第一版

一八　青城山志，王純五主編，四川人民出版社1994年第一版

一九　武當山志，武當山志編纂委員會，新華出版社1994年第一版

二〇　中國龍虎山天師道，張金濤主編，江西人民出版社1994年第一版

二一　樓觀道源流考，王士偉主編，陝西人民出版社1993年第一版

二二　神仙信仰與西岳廟，夏振英等編著，陝西旅游出版社1992年第一版

二三　西安八仙宮，張建新、陳月琴編著，三秦出版社1993年第一版

二四　吉林北山，傅寶仁著，吉林美術出版社1993年第一版

二五　閭山，蕭廣普編著，遼寧人民出版社1985年第一版

二六　泰山古今，米運昌著，東方出版社1991年第一版

二七　古老的泰山，李繼生編著，新世界出版社1987年第一版

二八　晋祠名勝，魏國祚編著，山西人民出版社1990年第一版

二九　泉州道教，泉州市區道教文化研究會編，鷺江出版社1993年第一版

三〇　四川宗教、上海道教、三秦道教，1990～1993年雜志

圖版

一　北京白雲觀牌坊

二　北京白雲觀山門

三　北京白雲觀靈官殿

四　北京白雲觀玉皇殿

五　北京白雲觀老律堂

六　北京白雲觀邱祖殿

七　北京白雲觀三清四御殿

九　北京白雲觀後苑妙香亭

八　北京白雲觀鐘樓

一〇　北京白雲觀退居樓

一一　天津呂祖堂山門

一二　天津呂祖堂純陽殿

一三　天津呂祖堂五仙堂

一四　天津呂祖堂道觀三乘堂

一六　天津天后宫

一五　天津玉皇阁

一八　河北曲陽北岳真君廟御香亭藻井

一七　河北曲陽北岳真君廟御香亭

一九　河北曲陽北岳真君廟三山門

二〇　河北曲陽北岳真君廟德寧之殿

飛雲樓
守职尽责
保护文物

二一　山西萬榮東岳廟飛雲樓

二二　山西萬榮東岳廟飛雲樓木構框架

二三　山西萬榮東岳廟午門

二四　山西萬榮東岳廟午門屋架仰視

二五　山西萬榮東岳廟朝房

二六　山西芮城五龍廟

二七　山西芮城永樂宮宮門

二八　山西芮城永樂宮三清殿

二九　山西芮城永樂宮三清殿藻井

三〇　山西芮城永樂宮純陽殿

三一　山西芮城永樂宮重陽殿

三二　山西芮城永樂宮重陽殿斗栱

三三　山西芮城永樂宮重陽殿轉角鋪作

三四　山西太原純陽宮呂祖殿

三五　山西太原純陽宮雙層木樓閣

三六　山西太原純陽宮八卦樓

三七　山西太原純陽宫九角亭

三九　山西太原晋祠聖母殿

三八　山西太原純陽宮彩畫

四〇　山西太原晋祠魚沼飛梁

四一　山西太原晋祠水母樓與難老泉亭

四二　山西太原晋祠勝瀛樓

四三　山西太原晋祠聖母殿水鏡臺

四四　山西太原晋祠聖母殿水鏡臺側影

四五　山西太原晉祠聖母殿對越牌坊

四六　山西太原晉祠聖母殿獻殿

四七　山西晉城玉皇廟欞星門

四八　山西晋城玉皇廟山門

四九　山西晋城玉皇廟山門屋架

五〇　山西晋城玉皇廟二道山門

五一　山西晋城玉皇廟成湯殿

五二　山西晋城玉皇廟淩霄殿

五四　山西解州關帝廟端門

五三　山西解州關帝廟琉璃影壁

五五　山西解州關帝廟雉門

五六　山西解州關帝廟鐘樓、鼓樓與瓮城

五七　山西解州關帝廟午門

五九　山西解州關帝廟
御書樓室内藻井

五八　山西解州關帝廟御書樓

六〇　山西解州關帝廟崇寧殿

六一　山西解州關帝廟鐘亭

六二　山西解州關帝廟春秋樓

六三　山西解州關帝廟刀樓、印樓

六四　山西解州關帝廟
『萬代瞻仰』石牌坊

六五　山西解州關帝廟『氣肅千秋』坊

六六　山西解州關帝廟結義園牌坊

六七　遼寧蓋縣玄貞觀

六八　遼寧北鎮閭山神廟石牌坊

六九　遼寧北鎮閭山神廟神馬門（後頁）

七一　遼寧北鎮閭山神廟正殿

七二　遼寧北鎮閭山神廟後五進大殿

七〇　遼寧北鎮閭山神廟御香殿

七三　遼寧千山無量觀三官殿

七四　遼寧千山無量觀西閣鳥瞰

七五　遼寧千山無量觀西閣慈雲殿

七六　遼寧千山無量觀老君殿

慈雲殿

七七　遼寧千山無量觀玉皇閣

七八　遼寧千山無量觀祖師塔

八〇　遼寧千山五龍宮正殿

八一　遼寧千山五龍宮東配殿

八二　遼寧千山五龍宮西配殿

七九　遼寧千山無量觀八仙塔

八三　遼寧瀋陽太清宮關帝殿

八五　遼寧瀋陽太清宮玉皇閣底層門扇裙板

八四　遼寧瀋陽太清宮玉皇閣

八六　吉林北山玉皇阁

八七　吉林北山玉皇阁『天下第一江山』坊

八九　吉林北山玉皇閣祖師廟

八八　吉林北山玉皇閣朵雲殿

九〇　吉林北山關帝廟遠景

九一　吉林北山關帝廟正殿

九二　吉林北山藥王廟

九三　吉林北山坎離宮

九四　江蘇蘇州虎丘二仙亭

九六　江蘇句容茅山道院九霄萬福宮靈官殿

九五　江蘇句容茅山道院九霄萬福宫遠眺

九七　江蘇句容茅山道院九霄萬福宮太元寶殿

九八　江蘇句容茅山道院元符萬寧宮

一〇〇　江蘇蘇州玄妙觀三清殿

九九　江蘇蘇州玄妙觀山門

一〇一　浙江杭州抱樸道院

一〇三　浙江杭州抱樸道院葛洪煉丹井

一〇二　浙江杭州抱樸道院紅梅閣

红梅阁

一〇四　浙江杭州玉皇宫遗址

一〇五　福建蒲田北宋道觀三清殿遺構

一〇六　福建蒲田北宋道觀三清殿前檐廊

一〇七　福建湄州嶼媽祖廟

一〇八　福建泉州天后宫山門

一〇九　福建泉州天后宫大殿

一一〇　福建泉州天后宫天后殿前蟠龍柱

一一二　福建蒲田黃石北辰宮山門

一一一　福建泉州老君造像（前頁）

一一九　江西新建縣西山萬壽宮高明殿

一二〇　江西新建縣西山萬壽宮高明殿明間牌樓

一二一　江西新建縣西山萬壽宮高明殿斗栱

一二二　江西新建縣西山萬壽宮關帝殿

一二三　江西九江天花宫

一二四　江西九江廬山仙人洞

一二五　山東泰安岱廟

山文化之旅隆重推出泰山

一二六　山東泰安岱廟坊

一二八　山東泰安岱廟配天門明鑄銅獅

一二七　山東泰安岱廟配天門

一二九　山東泰安岱廟仁安門

一三一　山東泰安岱廟御碑亭

一三〇　山東泰安岱廟宋天貺殿

一三二　山東泰安岱廟寢宮

一三三　山東泰安岱廟銅亭

一三四　山東泰安岱宗坊

一三五　山東泰山孔子登臨處坊

一三六　山東泰山紅門宮

一三七　山東泰山斗姆宮

一三九　山東泰山中天門

一三八　山東泰山斗姆宮斗姆殿

中天門

南天門

一四一　山東泰山碧霞祠

一四〇　山東泰山南天門

一四二　山東泰山碧霞祠山門

一四四　山東泰山天柱峰

一四五　山東泰山玉皇廟

一四三　山東泰山碧霞祠鳥瞰

一四六　山東泰山王母池

一四七　山東泰山王母池王母宮

一四八　山東泰山王母池悦仙亭

一四九　山東烟臺蓬萊閣

一五○　山東烟臺蓬萊閣大殿

太清宫

一五二　山東青島嶗山太清宮三官殿

一五一　山東青島嶗山太清宮山門

一五三　山東青島嶗山太清宮神水泉

一五五　河南濟源天壇山陽臺宮大羅三境殿

太平宫

一五六　河南登封嵩山中岳廟遥參亭

一五四　山東青島嶗山太平宫

一五七　河南登封嵩山中岳廟天中閣

一五八　河南登封嵩山中岳廟配天作鎮坊

一五九　河南登封嵩山中岳廟崇聖門

一六一　河南登封嵩山中岳廟『崧高峻極』坊

一六〇　河南登封嵩山中岳廟峻極門

一六二　河南登封嵩山中岳廟峻極殿

一六三　河南登封嵩山中岳廟峻極殿藻井

一六四　河南登封嵩山中岳廟岳神寢殿

一六五　河南登封嵩山中岳廟御書樓

一六六　湖北十堰武當山金殿

一六八　湖北十堰武當山紫霄宫朝拜殿

一六七　湖北十堰武當山紫霄宮龍虎殿與御碑亭

一六九　湖北十堰武當山紫霄宮正殿

一七一　湖北十堰武當山玉虛岩岩廟

一七〇　湖北十堰武當山南岩宫石殿

一七二　湖南衡陽南岳廟魁星閣

一七三　湖南衡陽南岳廟御碑亭

一七四　湖南衡陽南岳廟聖帝殿

一七五　湖南衡陽南岳廟聖帝殿正脊

一七六　湖南衡陽南岳廟聖帝殿明間隔扇門

一七八　湖南衡陽南岳廟聖帝殿屋架

一七七　湖南衡陽南岳廟聖帝殿明間挂檐木雕

一七九　廣東廣州市五仙觀

一八〇　廣東佛山祖廟臨街牌坊

一八一　廣東佛山祖廟紫霄殿

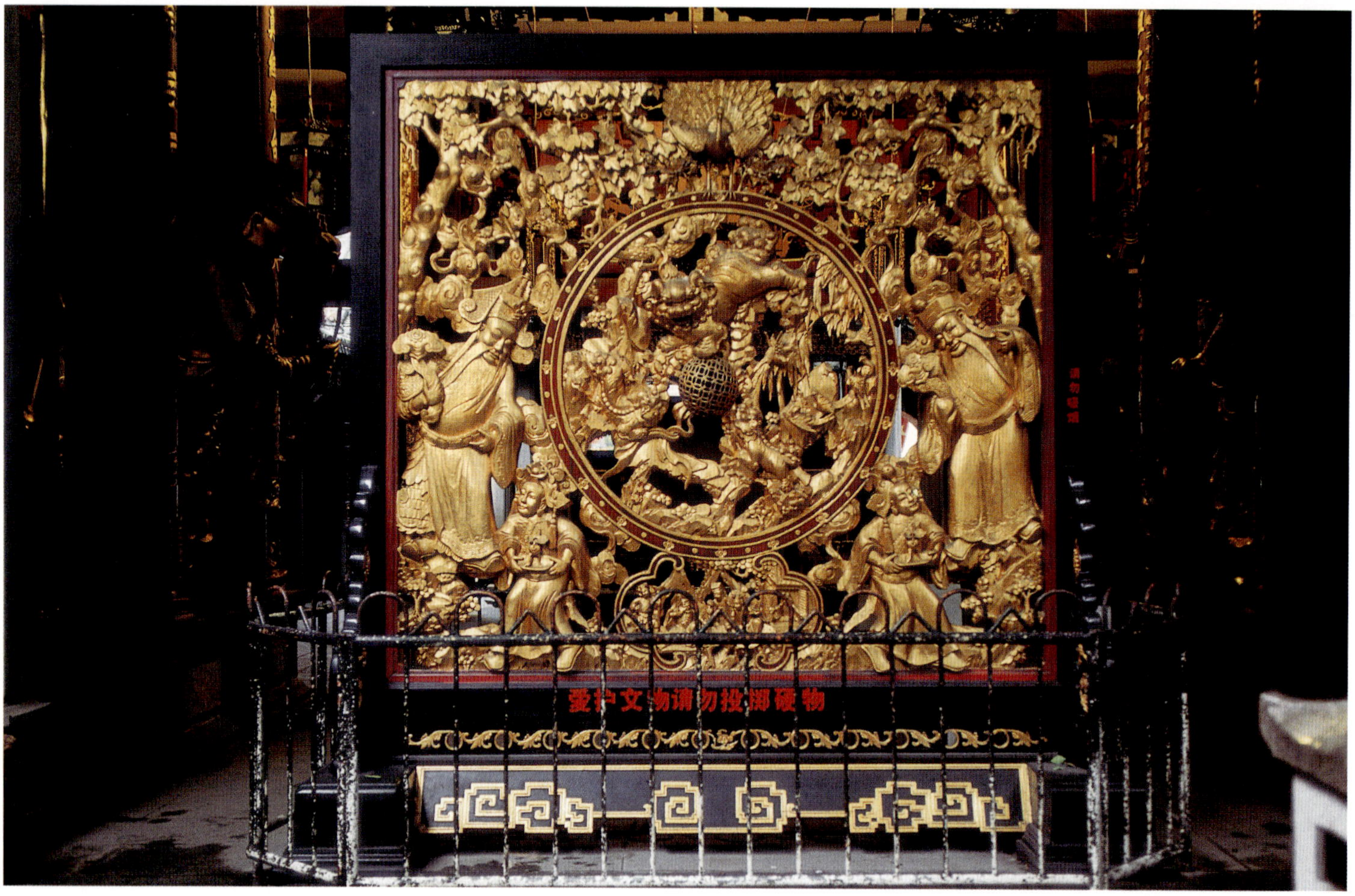

一八二　廣東佛山祖廟紫霄宮内景

一八三　廣東佛山祖廟紫霄宮内雕漆金屏

嚴禁煙火
北帝銅像
保護文物
禁止吸烟

一八四　廣東佛山祖廟靈應牌樓

一八五　廣東佛山祖廟萬福臺——戲臺

一八六　廣東羅浮山沖虛古觀

一八七　廣東羅浮山沖虛古觀葛仙寶殿

一八八　廣東羅浮山沖虛古觀三清寶殿

一八九　廣東羅浮山沖虛古觀屋頂裝飾

一九〇　廣東羅浮山沖虛古觀三清寶殿三清像

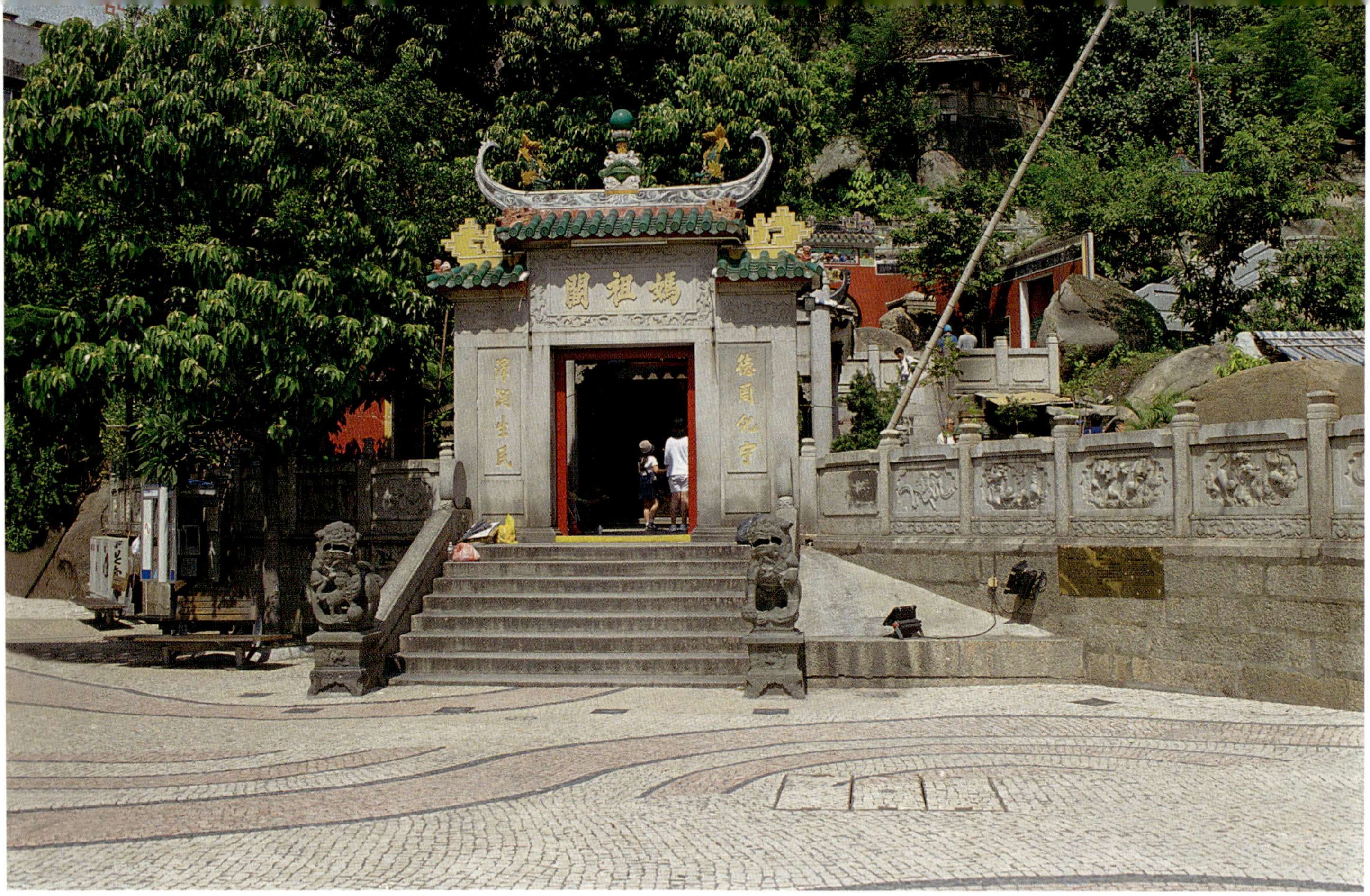

一九一　澳門特別行政區媽閣廟

一九二　澳門特別行政區媽閣廟大殿

一九三　四川成都青羊宮山門

一九四　四川成都青羊宮三清殿

一九五　四川成都青羊宫八卦亭

一九六　四川成都青羊宫八卦亭外檐蟠龍石柱

一九七　四川成都青羊宫唐王殿

一九九　四川灌縣青城山建福宫

一九八　四川灌縣青城山天師洞

二〇〇　四川灌縣青城山上清宮

二〇一　四川灌縣青城山圓明宮

二〇二　四川三臺雲臺觀『乾元洞天』拱券門

二〇三　四川三臺雲臺觀青龍白虎殿

二〇四　貴州鎮遠青龍洞道教宮觀

二〇五　貴州鎮遠青龍洞山門

二〇七　貴州鎮遠紫陽洞

二〇六　貴州鎮遠青龍洞

二〇八　貴州鎮遠紫陽洞老君殿

二一〇　雲南昆明西山三清閣石坊

二一一　雲南昆明西山三清閣

二一二　雲南昆明西山龍門達天閣

二一三　雲南昆明西山龍門達天閣石室

二〇九　雲南昆明西山龍門坊

二一四　雲南昆明鳴鳳山三天門

二一七　雲南昆明鳴鳳山三豐殿山門

二一五　雲南昆明鳴鳳山金殿（太和宮）山門

二一六　雲南昆明鳴鳳山太和宮金殿

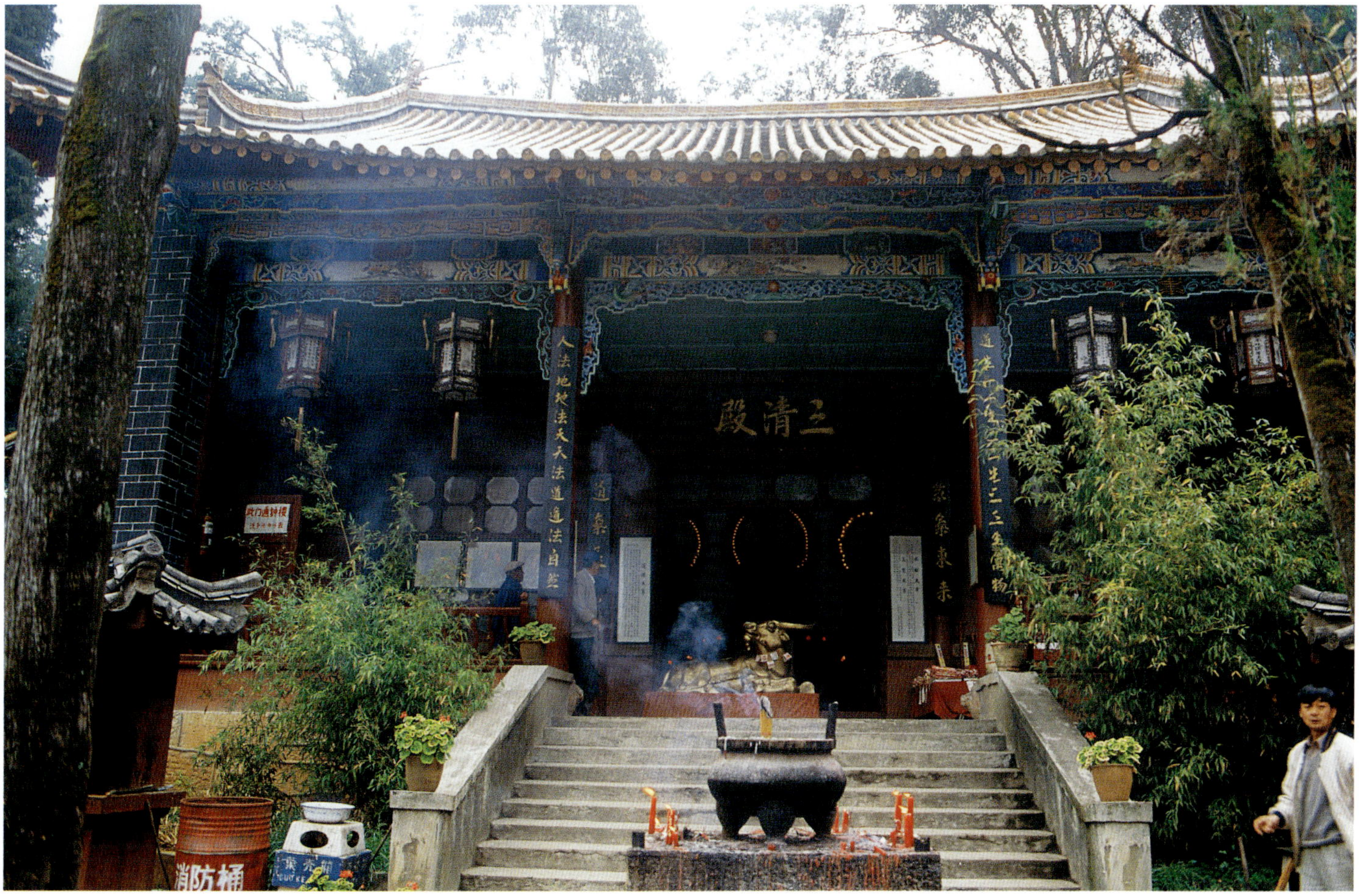

二一八　雲南昆明鳴鳳山三清殿

二一九　雲南昆明五老山黑龍潭龍泉觀牌坊

二二〇　雲南昆明五老山黑龍潭龍泉觀玉皇殿

二二一　陝西華陰玉泉院賀祖殿

二二五　陝西華陰玉泉院通天亭

二二二　陝西華陰玉泉院希夷祠

二二三　陝西華陰玉泉院石舫

二二四　陝西華陰玉泉院含清殿

二二六　陝西周至樓觀臺説經臺山門

二二七　陝西周至樓觀臺説經臺靈官殿

二二八　陝西周至樓觀臺老子祠山門和鐘、鼓樓

二二九　陝西周至樓觀臺老君殿

二三〇　陝西周至樓觀臺斗姥殿

二三一　陕西華陰西岳廟欞星門

二三二　陕西華陰西岳廟『天威咫尺』坊

二三四　陝西華陰西岳廟灝靈殿

二三三　陝西華陰西
岳廟金城門

二三五　陝西華陰西岳廟八角亭

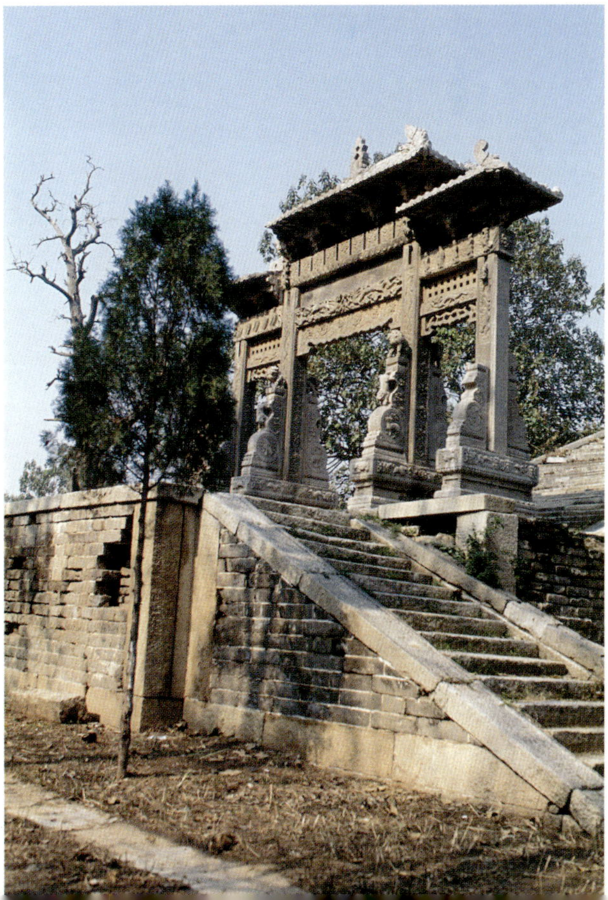

二三六　陝西華陰西岳廟『蓐收之府』坊

二三七　陕西西安八仙宫靈官殿

二三八　陕西西安八仙宫八仙殿

二三九　陕西西安八仙宫斗姥殿

二四〇　寧夏中衛高廟

圖版説明

一　北京白雲觀牌坊

白雲觀位于北京西便門外，是北京現存最大的道教建築群。白雲觀的牌坊（亦謂欞星門）位于白雲觀中軸綫上山門的前端，建于明英宗正統八年（公元一四四三年），是一座四柱三間七樓牌坊。用九脊歇山頂，明間寬大，次間稍小，主次分明。明間正面題額『洞天勝境』，背面爲『瓊林閬苑』。額枋、斗栱用金綫大點金旋子彩畫，并使用了龍錦枋心。在歷史上，牌坊祇是觀前的一個標志，不屬宮觀地界，但到此處必須是『文官下轎，武官下馬』，以示敬重。（攝影：王淑英）

二　北京白雲觀山門

山門位于欞星門內，與欞星門同年（公元一四四三年）建成。磚石結构，歇山頂，三道拱券門。左右有八字墻，門前設石獅、華表各一對，雕琢精巧。三個拱券脚下的墩臺和八字墻的勒脚部分，均使用了須彌座。明間拱券門楣上爲明朝皇帝英宗所賜的鐵鑄『敕建白雲觀』匾額。

三　北京白雲觀靈官殿

進了山門是靈官殿，這是道觀建築序列的程式。靈官殿是主軸綫上的頭進殿堂，是守護門戶的神殿。殿作單層、單檐、硬山頂，三開間，青磚外墻，磚拱門窗，臺基高約有一米，是一座迎來送往的殿堂。

四　北京白雲觀玉皇殿

玉皇殿是北京白雲觀的頭一座大殿，建于清康熙元年（公元一六六二年），在靈官殿的後邊，原名玉曆長春殿，面闊五開間，硬山到頂，前面月臺寬達三間；清乾隆五十三年（公元一七八八年）改建。

五　北京白雲觀老律堂

老律堂在玉皇殿北，又稱全真戒堂，建于明景泰七年（公元一四五六年），三開間硬山頂，清康熙賜題『七真翕光』匾額，故又稱七真殿。堂内供奉的是全真道七真（馬鈺、譚處端、劉處玄、邱處機、王玉陽、郝大通、孫不二）坐像，因爲是白雲觀傳戒處，故稱老律堂。殿前月臺與殿同寬，上原有清康熙年間所造的銅獸，名『特』，相傳爲康熙的坐驥，可日行萬里。因在西征中有功，而鑄造供奉。

六　北京白雲觀邱祖殿

邱祖殿在老律堂北，是第二進院子的最後一座殿，又是第三進院子的前殿。建于元至元二十五年（公元一二八八年）元拖雷監國之時，爲三開間帶前廊的殿堂，原稱處順堂，是全真道龍門派專門供奉邱處機的。殿内正中塑有邱祖像，陳設着清乾隆皇帝所賜的『瘿鉢』。瘿鉢坐于石礎之上，礎石之下葬邱處機遺脱。兩壁懸挂的四幅梅花篆字《道德經》，是清代揚州八怪高翔所書。

七　北京白雲觀三清四御殿

三清四御殿是一座五開間帶前廊的兩層樓，硬山，它與藏經樓、朝天樓、東西客堂及前面的邱祖殿組成圍房庭院，建于明宣德三年（公元一四二八年）。樓上供奉道教三清，底層供奉四御。背後是戒臺，其與雲集山房和東西兩廊合成一個小院，是道衆傳戒活動、授戒牒的地方。

八　北京白雲觀鐘樓

鐘、鼓樓是中國宗教建築中不可缺少的小品之一，一般設置于山門或頭進院子的東西（左右），也有的設置在大殿左右。北京白雲宮的鐘、鼓樓在第二進院內，靈官殿之後，東爲鼓樓，西爲鐘樓。鐘樓爲重檐懸山頂的兩層小樓，平面方形。上下層之間約爲〇·七與一之比。

九　北京白雲觀後苑妙香亭

白雲觀第四進是後苑，建于清光緒十三年（公元一八八七年）。後苑分成四個景區。東、西、後邊三處布置着黃石假山；中部是戒臺和雲集山房與東、西兩條空廊圍合成的小院；東部假山上的有鶴亭和雲華仙館、遇仙亭成爲一組，西部假山、碑廊和西北角的退居樓合成一組；假山上的妙香亭，平面四角方形，進深方向多用一根中柱，頂上是雙卷棚勾連塔，山面如雲中鵬影，小巧玲瓏，造型別致的小建築。

一〇 北京白雲觀退居樓

雲集園西邊有一座曲尺形建築，這就是白雲觀的退居樓，建于清末光緒年間（公元一八七五至一九〇八年）該樓好像是把三間正房和三間廂房組合在一起，形似角樓。臺基不高，紅柱大窗兩層樓，硬山到頂兩面坡。木裝修簡練，底層磚砌檻墻，二樓木製檻墻；明間門連窗，次間大窗寬度與開間同。單從可以任意安排門窗大小這一點來說，確是一幢很現代化的古建築。

一一 天津呂祖堂山門

天津呂祖堂在今紅橋區如意庵大街何家胡同十八號。清康熙五十八年（公元一七一九年）始建，乾隆、道光年間重修，爲清代供奉呂洞賓的著名道觀。現存主要建築有山門、前殿、後殿、東西廂房和五仙堂。

一二 天津呂祖堂純陽殿

純陽殿，是天津呂祖堂的前殿，殿內原有呂洞賓塑像。這是一座硬山屋頂、三開間的木構梁架建築，下有高約一米的青石臺基。硬山墻頂端布置着仙人走獸，明間檐下是橫書『純陽正氣』四個金字大匾。

一三　天津呂祖堂五仙堂

五仙堂爲硬山屋頂，三間木構建築。堂内供奉道教北五祖（即全真道北宗五祖：王玄甫、鍾離權、呂洞賓、劉海蟾和王重陽）。明間向内凹進一個步架，形成檐廊，緩和了淺屋檐的不足。

一四　天津呂祖堂道觀三乘堂

道藏有三洞，即洞真、洞玄、洞神三部分，合稱三洞，又稱三乘。洞真爲上乘（或曰大乘）；洞玄爲中乘；洞神爲下乘（或曰小乘）。這裏是呂祖堂的藏經處所。

一五　天津玉皇閣

天津玉皇閣在今舊城東北角，建于明宣德二年（公元一四二七年），明代後期至清光緒年間曾四次重修，爲天津現存的主要道教建築之一，由山門、配殿、六角亭和清虚閣等殿宇組成。閣面闊五間，進深四間，兩層，上層有迴廊，可憑欄遠眺。因其瀕臨三岔河口，地域開闊，爲重九登高處。閣樓上原有玉皇銅像，現已不存。歇山屋頂，黄琉璃瓦，用綠琉璃瓦剪邊；額枋上繪有天神、仙子、龍、鳳、走獸等，色彩鮮艷。

一六　天津天后宮

天津天后宮位于天津南開區宮南大街北端古文化街。全宮由牌樓、山門、前殿、正殿、戲臺、配殿、藏經閣等組成，原建于明代，後屢毀屢建，僅正殿仍保留明代原物。

一九八五年天后宮正殿落架大修，正殿額枋上仍保留着明萬曆三十年重修時的『雙鶴凌雲』彩畫。大木梁架用青綠彩畫，輔以鐵紅暖色枋心，藻頭圭綫、皮條綫和岔口綫作圓弧形，內畫『一整二破』旋子花。旋子花瓣中心繪紅色石榴頭。枋心內以雲、水、花、鳥爲題材，繪製了『海水江牙』、『雲鶴朝月』、『鳳穿牡丹』等。斗栱青綠相間繪製，栱眼壁銀硃地繪蓮花。

一七　河北曲陽北岳真君廟御香亭

北岳真君廟位于河北省曲陽縣城內，是歷代帝王祭祀北岳恒山的地方，始建于南北朝北魏宣武帝景明、正始年間（公元五〇〇至五〇八年）。以後各代都有重修與擴建。北岳廟古建成群，占地南北長五百四十二米，東西寬三百二十一米，總面積爲十七萬三千九百八十二平方米。建築面積現有三千八百零三平方米。總平面呈『田』字形布局，南北中軸綫上的建築尚有；登岳橋、御香亭、凌霄門、三山門、飛石殿遺址和德寧之殿。中軸綫兩側還有東西昭福門及大小碑樓四個。照片爲御香亭，也叫更衣亭、天一亭，是歷代帝王祭祀前的休息之所。

一八　河北曲陽北岳真君廟御香亭藻井

北岳真君廟御香亭雖是磚墻、石臺基，整個建築仍是木構框架承重，是傳統的中國木構建築。其內部空間一通到頂，露明攢尖頂構架，頗富裝修之美。

一九 河北曲陽北岳真君廟三山門

中國傳統建築中的門，并不是指一副門框和兩片門板，而是一座完整的建築，有人稱它是屋宇式門。這種門通常用分心槽式樣平面，即平面上有三排柱子，明間正脊下設置兩扇裝板門，次間以下可爲房間，稱塾，只在墻上闢門、裝門扇的，屬烏頭門類型，有人稱它爲墻垣式門。北岳真君廟的三山門爲單檐、硬山、五開間，正脊下的一排柱間設有一道墻，明間裝板門，前後都没有檐墻，呈開敞形式。

二〇 河北曲陽北岳真君廟德寧之殿

德寧之殿是北岳真君廟中的主體建築，占地面積二〇九八平方米，是我國現存的元代最大的木結構建築。殿高二十五米，面寬九間，進深六間，重檐九脊廡殿頂，琉璃瓦脊，青瓦鋪頂，鴟吻高大。磚石臺基兩米多高，前有方形月臺。臺基四周是漢白玉石欄和望柱。望柱頂端雕有姿態各异的大小石獅子九十九隻。月臺四角砌有角獸。全殿灰磚墁地。殿內原有泥塑神像十五尊，其中三尊爲坐像，十二尊爲陪侍立像，塑像高大。殿內東西兩墻有唐吴道子畫的巨幅壁畫《天宮圖》，各高八米、長十八米。北墻面亦有大面積壁畫，尚完好保存至今。

二一 山西萬榮東岳廟飛雲樓

萬榮東岳廟的創建年代，據廟內乾隆年間《重修飛雲樓碑記》載：『唐貞元年間分邑置郡名爲汾陰，即有是廟』。現在的飛雲樓建築是元朝遺構，明、清兩代均有維修。平面呈方形，明三暗五層，高達二三・一九米，十字歇山頂。外觀三層，頂層重檐，二三層各出抱廈一間，設平座層、迴廊勾欄。

全樓共有斗栱三百四十五朵。翼角起翹，下懸風鐸，樓頂覆蓋黃、綠色琉璃瓦。底層副階的開間分布新穎，明間寬大，額枋上有三朵平身科斗栱；次間最窄，上祇容一朵平身科斗栱；梢間却又加寬到可容兩朵平身科斗栱，是一種反常的布置。

二二　山西萬榮東岳廟飛雲樓木構框架

萬榮東岳廟飛雲樓中間四根金柱高達一五・四五米，直達頂層，四周有三十二根木柱。明間斗栱多達三朵，又使用了平板枋，這些應是明初重修的痕迹。最頂上十字形歇山屋脊，由中間一根雷公柱承力，其構造之巧妙、造型之精美，堪稱木構樓閣之杰作。

二三　山西萬榮東岳廟午門

午門位于飛雲樓之後，面闊七間，單檐懸山頂，平面爲分心槽，亦屬元代建築。明間設兩朵補間鋪作，其餘各間均爲一朵補間鋪作。

二四　山西萬榮東岳廟午門屋架仰視

這就是分心槽七架大木的屋架，其斗栱做法沿襲宋《營造法式》『大木平梁下對金做法，分心三柱前後檐三踩鋪作，金脊坐斗雙抄七架梁』之制。

二五　山西萬榮東岳廟朝房

東岳之神本職在山東泰山，山西萬榮的東岳廟是他的一個『行宮』。這位尊神，在漢朝祇是個元帥，到了唐朝就封成『天齊君』、『天齊王』，宋朝晉封爲『東岳天齊仁聖帝』，到清朝加封爲『天齊仁聖大帝』。帝君之位，有『九五之尊』，他的行宮也需有皇家氣派。這裏東西兩排長長的朝房長達十四間，可見帝王至尊了。

二六　山西芮城五龍廟

五龍廟本名『廣仁王廟』，俗稱五龍廟，位于芮城縣城北三公里古魏城城垣內的中龍泉村北端高阜上，與東南一里許現在的永樂宮遥相對峙。現存坐北朝南的正殿和坐南面北的清代戲樓各一座。照片爲五龍廟正殿。建于唐大和五年（公元八三一年），是我國僅存的四座唐代木構建築之一。單檐歇山頂，高臺基，面寬五開間，進深四架椽。柱頭施闌額而無普拍枋。斗栱爲五鋪作、雙抄偷心造。各斗欹部凹度很深，栱瓣棱角明顯。內部框架鋪作，斗栱碩大，叉手長壯，托脚近乎平行，侏儒柱細短。屋面坡度平緩，梁架爲徹上露明造，板門、直欞窗。結構簡練，顯示出唐代建築的雄渾風格。

二七　山西芮城永樂宮宮門

永樂宮在今山西芮城縣城北五華里古魏城遺址處，夙稱元代壁畫藝術寶庫。永樂宮，全名大純陽萬壽宮。其原址在芮城縣西四十華里的永濟縣永樂鎮。一九五八年，因黄河三門峽水庫蓄水，將永樂宮完好地遷建、復原在現在的地方，與這裏的唐建五龍廟、宋建聖壽寺塔和古魏國城遺址，組成了

一處環境幽美的名勝古迹區。永樂宮始建于金哀宗天興元年（公元一二三二年），到元惠宗至正十八年（公元一三五八年）純陽殿壁畫完工，歷時一百二十六年。主要殿宇有：無極之門、三清殿、純陽殿、重陽殿、邱祖殿（已毀），到清代纔添建了這座宮門。宮門單檐懸山，五開間，平面分心槽（即前後三排柱）。

二八　山西芮城永樂宮三清殿

三清殿又名無極殿，爲永樂宮主殿，廡殿頂，面闊七開間，三十四米；進深四間，二十一米。平面中減柱較多，衹剩下明間、次間的中柱和後金柱。檐柱有側脚和升起；檐口和正脊都呈曲綫形。斗栱六鋪作，單抄雙下昂（假昂），補間鋪作除盡間設一朵外，其餘各間都設兩朵。原供奉三清（玉清、上清、太清），即元始天尊、靈寶天尊、太上老君的神像。殿內壁畫繪『三百六十值日神』，畫面高四·二六米，全長九四·六米，除栱眼壁畫外，計有四百零三平方米，爲元泰定二年（公元一三二五年）所繪。共畫二百九十個人物，人高達二·二〇米，肩并踵接，共分四層，其相貌、性格、神態、動作各异，爲元代美術奇葩。

二九　山西芮城永樂宮三清殿藻井

藻井是中國古建築中在室內運用的一種木構穹頂。三清殿明間藻井，利用斗栱托舉、內收的效能，從井口枋的三十六朵七鋪作斗栱，逐層上收，共歷三層，斗八藻井內三十二朵，至頂呈圓形十二朵，共用木製斗栱八十朵。工程繁難，做工細膩，雖係純手工操作，却有陣列的效應，造型精美，圖案性强。

三〇　山西芮城永樂宮純陽殿

純陽殿又名混成殿，亦稱呂祖殿，單檐歇山頂，面闊五間，內奉呂洞賓。殿內壁畫二〇三平方米，爲呂洞賓神化故事，共計五十二幅。另外，在純陽殿的栱眼壁畫中畫有一套古代童男童女舞樂圖，亦極精美可愛。殿中扇面墻背後畫的《鍾離權度呂岩圖》在秀山麗水之中，兩人相對而坐。呂洞賓端坐恭謹，俯首凝神，內心似在激烈地思考；鍾離權則瀟灑大度，侃侃而談，左手攤開，似云：『一生潦倒，到老無根，爾將何從。』勸道之情，躍然壁上。（攝影：王淑英）

三一　山西芮城永樂宮重陽殿

重陽殿又名『七真殿』，亦稱襲明殿。爲單檐歇山頂，面闊五開間，進深六架椽。明間和次間設板門，單檐歇山頂。內奉道教全真派首領王重陽及其弟子。殿內壁畫內容爲有關王重陽的神化傳説，繪成連環畫的形式，共四十九幅，可視爲研究道教發展史的重要資料。扇面墻背面畫有諸神朝拜三清圖。

三二　山西芮城永樂宮重陽殿斗栱

元代斗栱沿襲宋制，明間與次間的兩朵平身科斗栱均置于普拍枋上，盡間則衹有一朵斗栱。

三三　山西芮城永樂宮重陽殿轉角鋪作

由建築正面和山面相交，使得轉角部位的構造非常複雜，把這種複雜相交不加掩飾地顯露出來，竟是一個有魅力的裝飾構件。它使屋角起翹，『如鵬展翼，翩翩欲飛』。中國古建築之美，有一半是轉角鋪作之功。

三四　山西太原純陽宮呂祖殿

純陽宮位于太原市五一廣場西北隅，供奉唐代道士呂洞賓，俗稱呂祖廟。宮內四進院落。前院有過廳、耳房和配殿。呂祖殿在第二進院裏，是純陽宮的主殿，位于院子正中，獨立在凸字形高臺階上，前有月臺。單檐歇山頂，出檐深遠，坡度平緩；面闊三間，進深三間，是一座方形小殿。

三五　山西太原純陽宮雙層木樓閣

在純陽宮第三進庭院的正中，矗立着一座木構兩層樓閣，底層呈方形，比較寬大；上層爲八角攢尖亭，做得小巧；且有一飛廊與北面的樓相通，成爲一座空中樓閣。

三六　山西太原純陽宮八卦樓

純陽宮第三進院子的平面爲抹角方形，底層八面均爲磚券窑洞，頂層四面建樓，四角上却是少見的九角攢尖亭，樓亭之間有敞廊相通。因爲院子的布局占據着八方，頗似八卦之形，又有一個雙層木樓閣上的八角亭卧于中位，因此這裏俗稱『八卦樓』。

三七　山西太原純陽宮九角亭

在八卦樓的上層，占據四角的四個亭子，却是少見的九角攢尖亭。八卦樓中，『八』字已經是纍纍重復；八卦、八方、八角。且八角亭在中部已經使用，再使用則有絮煩之嫌。爲了打破　『八』的寂寞，在四角創建九角亭，確實不同凡響。

三八　山西太原純陽宮彩畫

幾千年來色彩等級雖有變化，依顏色分階級則一直延續着。雖然，宮觀、寺院在用色上不受限制，就如同建築的開間數不受限制一樣，幾乎可以與君王之制等齊。不過，僧道所用的建築在使用色彩與圖案時，從不原樣照搬宮廷彩畫，而是略有變化。既表示謙恭，又可避嫌、避諱。道觀彩畫中有八仙人物或器物就是常見的了。

三九　山西太原晉祠聖母殿

太原西南懸瓮山下，有一組建築群——晉祠，始建于北宋天聖年間（公元一〇二三至一〇三二年）。聖母殿是晉祠的主殿，位居最後，坐落在古樹掩映之中，前有魚沼飛梁，後擁懸瓮主峰，左近善利泉，右臨難老泉。聖母殿正面朝東，高十九米，重檐歇山頂，面闊七間，進深六間，平面幾成方形，實際是面闊五間、進深四間的殿身，加副階周匝。平面上減去殿身前檐柱，外墻内收，使前廊深達二間。内柱除前金柱外，全都不用，爲曠古少有的做法。前檐副階柱施蟠龍，這是現在所能見到的最早的實例。檐柱有顯著側脚與升起，殿前檐曲綫弧度很大，飛翹的殿角與飛梁下折的兩翼互相映襯，顯示出飛梁的巧妙和大殿的開闊。殿内四十三尊塑像，其中四十一尊宋塑，三十三尊侍女像最佳。前廊上面懸一塊巨型立額，上書『顯靈昭濟聖母』六字，是宋代原物（攝影：李彦）。

四〇　山西太原晉祠魚沼飛梁

飛梁位于聖母殿前，建于北宋天聖元年（公元一〇二三年）。飛梁下是一個方形水沼，且沼中多魚，故名『魚沼』。魚沼是晉水的第二個源頭。魚沼裏立三十四根八角形石柱，柱頂架斗栱和梁木，上面承托十字形橋面，橋中部高出地面一・三米。橋面東西長十九・六米，寬五米，兩端分別與獻殿和聖母殿相連接。橋面南北長十九・五米，寬三・三米，兩端下斜與地面相平。從南北看橋，如鳥的雙翼，翩翩欲飛。古今橋梁多爲一字形，唯此橋連通沼岸四面，成十字形，獨出心裁。

四一　山西太原晋祠水母樓與難老泉亭

水母樓，俗稱梳妝樓，別號水晶宮，坐西向東，建于明嘉靖四十二年（公元一五六三年），清道光二十四年（公元一八四四年）重修。爲兩層樓閣，重檐歇山頂，上下層都有圍廊。樓下有石洞三窟，中間一窟設一尊銅鑄水母像，村婦模樣。樓上設一神龕，供奉梳妝後的水母坐像，身邊有八個侍女塑像，從前面看完全是人形；從後面看，呈現出游魚形態，優美飄逸，若隨水浮動之感，被稱爲『魚美人』，匠心別具，是難得的藝術佳品。從樓上俯瞰，被稱爲晋祠三絶之一的難老泉水仿佛自水母樓下涌出，俗稱南海眼，是晋水的主要源頭。泉水清潔碧綠，雖有豐欠，永無枯竭。所以古人以《詩經·魯頌》中『永錫難老』一詞，名爲『難老泉』。泉上有一座八角攢尖的亭子，高兩丈餘，創建于北齊天保年間（公元五五〇至五五九年），名難老泉亭。

四二　山西太原晋祠勝瀛樓

勝瀛樓高五六丈，兩層，重檐歇山頂。據《史記·秦始皇本紀》：『海中有三神山，名曰蓬萊、方丈、瀛州，仙人居云。』此樓命名勝瀛樓，就是把此樓比作勝過瀛洲的仙境。勝瀛樓是專供登樓觀景而建造的，所以上層四周没有墻壁，成爲四面皆空敞閣，并有低矮的木欄，以便安坐觀景。

四三　山西太原晉祠聖母殿水鏡臺

距晉祠新大門不遠處，唐槐參天，蒼翠蓊鬱，在一片空地上有一座戲臺，坐東面西，名叫水鏡臺。始建于明代，是一座重檐歇山頂的酬神戲臺。到清乾隆年間（公元一七三六至一七九五年），又在前面加大舞臺，築起單檐捲棚屋頂，形同抱廈。并在檐下懸垂花，加花罩，雕鏤額枋、雀替、斜撑，使戲臺變得寬闊、敞亮。

四四　山西太原晉祠聖母殿水鏡臺側影

這個戲臺雖是于不同年代分段建成的，却也和諧、自然、完整、渾厚，而且裝飾秀麗。臺中央高懸清乾隆年間書法家楊二酉所書『水鏡臺』三字匾額。意思是：舞臺上映射着人世間的忠、奸、是、非，爲非作歹，難逃其咎。臺頂中央的藻井，是一個优秀的音響共鳴箱，藉此可以使演員的聲音豐滿、嘹亮、清晰、悠揚。

四五　山西太原晉祠聖母殿對越牌坊

對越牌坊簡稱對越坊，位于金人臺西、獻殿前的月臺上，建于明朝萬曆四年（公元一五七六年）。這座對越坊，三間三樓，造型优美，結構壯麗，雕刻玲瓏，彩繪卓絕。牌坊前臺基上蹲坐着一對捲毛鐵獅，更襯托出這座牌坊高大壯麗。

四六　山西太原晉祠聖母殿獻殿

獻殿建于金大定八年（公元一一六八年，即南宋孝宗乾道四年），明萬曆二十二年（公元一五九四年）重修。一九五五年曾用原料照原樣翻修，基本上仍保持着金代建築的風格。單檐歇山頂，面寬三間，進深四架椽，衹有一圈檐柱，柱頭用單額枋和普拍枋，補間鋪作衹一朵，出檐很深。內部梁架衹是在四椽栿上放一平梁，舉折明顯，簡明省料，輕巧堅固。四周無墻壁，衹有直欞柵欄。大殿空間界定清晰，却又通透開敞。既是一座穩重的大殿，又如一幢玲瓏的涼亭。獻殿原是供奉聖母邑姜、陳設祭品的場所，因名獻殿。

四七　山西晉城玉皇廟欞星門

晉城玉皇廟在今山西晉城縣城東十三公里府城村後土崗上，原名玉皇行宮，後改爲玉皇廟。始建于北宋熙寧九年（公元一〇七六年），金泰和七年（公元一二〇七年）重建，元、明、清各代都普予修葺和擴建。廟有碑廊，存有宋、金、元、明、清歷代道教碑刻，爲研究我國北方道教史及道教建築的珍貴文物。

晉城玉皇廟的欞星門是一座三間磚拱券牌樓，明間拱券高大，次間輔于東西，明間門額刻有古篆體『玉皇廟』三字。

四八　山西晉城玉皇廟山門

玉皇廟山門面闊三間，進深四架椽，平面爲分心槽。內部徹上露明造，梁枋色彩艷麗，構件爽利。檐下斗栱落于普拍枋上，各

間祇一朵補間鋪作，挑檐作用明顯，保持着宋元時期的建築風格。

四九　山西晉城玉皇廟山門屋架

山門屋脊下中柱設門，門楣以上用栅欄隔斷前後，通透輕巧。梁架用徹上露明造，梁枋彩色以冷色爲主，着色淺淡亮麗。

五〇　山西晉城玉皇廟二道山門

二道山門坐落在高臺地的前沿。單檐廡殿頂，面闊三間。兩山各接兩間耳房，又緊連着東西高出于屋頂之上的鐘樓和鼓樓，製造出高大宏闊的氣勢，顯示出玉皇大帝至高無上、獨攬九天的魄力。

五一　山西晉城玉皇廟成湯殿

中院正殿——成湯殿爲金代所建，保存較爲完整。面闊三間，明間開門，次間是古樸的直欞窗。雙坡懸山屋頂，檐下斗栱補間鋪作與柱頭鋪作區别很大。柱頭鋪作是單昂斗栱，長長的琴面昂非常突出。而補間鋪作没有挑出的構件，極爲簡化，幾乎成了影栱。殿内祀元塑成湯大帝像。

五二　山西晋城玉皇廟凌霄殿

凌霄殿亦稱玉皇殿，爲宋代興建，坐北朝南，前與獻亭相接。玉皇殿面闊三間，殿内徹上露明造，構件色彩與山門的完全冷色不同，加用了紅、黄等暖色，艷麗而鮮亮。殿内有塑像五十一尊，是宋塑中的精品。

五三　山西解州關帝廟琉璃影壁

端門前有一座一字形琉璃影壁，壁體寬大，壁面浮雕龍騰海嘯，造型生動。

五四　山西解州關帝廟端門

解州關帝祖廟坐落在山西運城市西南約四十華里的解州鎮，是我國乃至海外關帝廟中規模最大，也是國内現存最好、最完整的關帝廟建築群，總面積約一萬八千多平方米。解州關帝祖廟創建于隋初（公元五八九年），宋大中祥符七年（公元一〇一四年）擴建。明嘉靖三十四年（公元一五五五年）毁于地震。再建後又于清康熙四十一年（公元一七〇二年）毁于大火，後又歷經十餘載修繕，利用未遭焚壞的墻基、石刻、琉璃製品等等，得以部分地保存了明代建築物的原有風貌。廟南爲結義園，北爲正廟。正廟又分前後兩院，前爲廟堂，後爲寢宮，形成了我國傳統的『前朝後寢』的格局，有王宮帝闕的非凡氣宇。

端門，即山門，形制如瓮城門，在全廟中軸綫最南端，爲三間三樓的磚拱券門，也稱三門，中券略高，兩側略低。單檐歇山頂，五踩雕磚斗栱，雙翹無昂。左右爲硃紅宮墻，上有雉堞。明間門額横匾書『扶漢人物』，右券額有『業忠貫日』，左券額書『大義參天』，左右成聯語，獨立若横批。

五五　山西解州關帝廟雉門

雉門，俗稱大門，亦即城門。自明以來，屢毁屢建。雉門面闊三間，進深三間，五踩斗栱，雙翹無昂。單檐歇山頂，門頭高浮雕係晚清風格，繁縟細碎。門樓上豎匾，『關帝廟』三個金字，楷書隸意。雉門北面臺階鋪上木板，即爲戲臺，可演出。

五六　山西解州關帝廟鐘樓、鼓樓與瓮城

端門、雉門和鐘、鼓樓圍合成一個小院，其形制如同『瓮城』，内中還有文經門和武緯門。雉門常不打開，經緯二門爲日常進出口。鐘樓和鼓樓都呈過街城樓式建築，單間磚券拱門，樓上重檐歇山頂，單間磚券，四面迴廊，形同三間城門樓。圖爲東側之鐘樓。

五七　山西解州關帝廟午門

設午門是帝王之制，威儀所在。這是一座面闊五間，進深兩間，平面分心槽，單檐四阿頂的建築。木柱粗大，石砌山墻。原來在門內有周倉、廖化的法身，今以壁畫替代，形象健碩。墻北描繪關羽生平。自桃園結義起，至水淹七軍、威震華夏止，諱言麥城。午門四周圍有石欄杆，望柱四十根，高約一米，柱頭圓雕。欄板不用尋杖、雲版、寶瓶、勾闌之類的東西，衹用一塊大石板，兩面浮雕。每塊石板正反兩面浮雕四幅，共一百四十四幅，內容是吉祥圖案、戲曲故事、民間傳説，大多是清代民間匠師雕琢。

五八　山西解州關帝廟御書樓

御書樓原名八卦樓，爲紀念康熙來此謁廟而建。乾隆二十六年（公元一七六一年）改名御書樓。此樓構思精巧，面寬三間，進深三間，副階周匝。兩層三檐歇山頂，前後出抱廈，後爲捲棚頂。樓板當中留有八角形天井，朝上可看到木結構的八卦圖案。臺階兩邊有望柱三十根，高一米，柱頂刻着獅、猴、童子、鶴等圓雕。欄板二十八塊，浮雕一百一十五方，刻花卉、龍、獅、麒麟等。

五九　山西解州關帝廟御書樓室內藻井

御書樓室內樓板的中心部位留有一個八角形天井，朝上可看到頂層木結構的藻井。斗栱從八個方位向內逐層出挑，將藻井做成穹頂，其挑出構件須層層縮小，形成了和諧而有韵律的圖案。

六〇　山西解州關帝廟崇寧殿

崇寧殿是這裏的主殿，重檐歇山頂，下檐施五踩雙昂斗栱。面闊五間，進深四間，平面雙槽。廊上有雕龍石柱二十六根。

六一　山西解州關帝廟鐘亭

鐘亭建于嘉慶十四年（公元一八〇九年），形式與碑亭相仿，頂上琉璃構件華美生動，亭内一粗實木架，懸挂大鐘。大鐘萬斤，于順治十七年（公元一六〇〇年）鑄成，上有八卦，獸面圖案，龍頭頂鈕。遇有祭典撞擊，聲聞數里。

六二　山西解州關帝廟春秋樓

春秋樓又名麟經閣。孔子作《春秋》，因聞祥獸麒麟被獵，而嘆息擲筆，故《春秋》又名《麟經》，麟經閣也叫春秋樓。是全廟最高建築，原高九丈。萬曆年間（公元一五七三至一六二〇年）增建，同治九年（公元一八七〇年）重建。面寬五間，進深四間，雙槽平面，二層三檐歇山頂。樓上用木框架懸挑四面長廊，外觀如懸空的柱子。古人有『懸閣』之説，應是這種『懸梁托柱』結構，在我國現存的古建築中所見不多。樓中暖閣墻上刻着《春秋》全文，于其他關帝廟所未見。

六三　山西解州關帝廟刀樓、印樓

春秋樓前的兩廂，建兩座樓，并名爲刀樓、印樓，確實構思奇巧，且與主樓諧調，頗具特色。單間樓閣，副階周匝。二樓檐廊加上兩條明間檐柱，外觀好像是三間的建築。三重檐，十字歇山頂。刀樓于乾隆二十七年（公元一七六二年）建；印樓峻工于嘉慶十四年（公元一八〇九年）。刀樓存放復製的『青龍刀』；印樓存放後人補刻的『漢壽亭侯』印。圖爲刀樓。

六四　山西解州關帝廟『萬代瞻仰』石牌坊

鐘樓東有石坊，上刻橫額『萬代瞻仰』，明崇禎九年（公元一六三六年）建。四柱三間五樓石牌坊，坊四面刻着三國故事和裝飾花紋。一九五四年因石料破裂，在明間增添混凝土門，以資保護。新材料加固部分没有刻意仿古，新、舊之間容易識別，這是文物保護上值得提倡的。此坊歷史最久，缺損較少。

六五　山西解州關帝廟『氣肅千秋』坊

『氣肅千秋』坊屹立春秋樓前，爲中軸綫上最大的木牌坊。四柱三間三樓，單檐歇山頂。前後有斜撑夾杆，左右有斜撑廂杆。這些斜撑構件可以保証牌樓承受更大的風力，是一種保護；同時，可以擴大牌樓的氣勢，顯得隆重、豐厚，是一種烘托氣氛的構造手法。

六六　山西解州關帝廟結義園牌坊

關帝廟端門之南是結義園，入口處木牌坊三間三樓，明間額書『結義園』三字，爲清乾隆年間解州守令言如泗所書。因結義園位于關帝廟之南，園的朝向即坐南朝北，建園當在建廟之後。

六七　遼寧蓋縣玄貞觀

玄真觀又名上帝廟、玄帝廟，在今遼寧省蓋縣城內西大街路北，建于明初。原有殿宇三座，現僅存大殿。殿面寬五間，長約十五米，進深四間，約九·七米。廡殿頂，九踩四翹品字斗栱，出檐深遠，繪有彩畫。殿內原奉道教玄武帝，塑像今已不存。明間桁下書『大明洪武十五年四月二十九日吉旦立，蓋郡官庶人等監造』。殿前有清雍正四年（公元一七二六年）重修碑記。

六八　遼寧北鎮閭山神廟石牌坊

北鎮廟，又稱閭山神廟，位于遼寧北鎮縣城西二公里處，閭山東四公里，是古代祭祀北鎮醫巫閭山的山神廟，也是全國五大鎮山中，保存較好的一座大型山神廟。北鎮廟建于隋文帝開皇十四年（公元五九四年）。南北深二八〇米，東西寬一七八米；占地面積四萬九千六百四十平方米。其中建築面積五千多平方米，前後七進。北鎮廟，自隋朝建閭山祠後，歷代都有重修擴建，現存的廟宇殿閣，是明末清初的遺物。

閭山神廟中軸綫的最前端，是一座六柱五間石牌坊，處理的手法簡煉，氣勢雄壯。前後四角有四個石獅，喜、怒、哀、樂，神情各異。

六九　遼寧北鎮閭山神廟神馬門

神馬門面闊五間，進深三間，單檐歇山頂。殿内有一座光緒十八年（公元一八九二年）『敕修北鎮廟』的石碑。神馬門東西兩側爲重檐歇山頂的鐘、鼓二樓。

七〇　遼寧北鎮閭山神廟御香殿

御香殿面闊五間，進深三間，灰瓦頂。建于明永樂十九年（公元一四二一年），用以貯藏朝廷祭祀用物。

七一　遼寧北鎮閭山神廟正殿

正殿爲單檐歇山頂，面寬五間，進深三間，綠瓦紅柱，彩繪梁枋。殿内東、西、北三面墻上，繪有三十二個星宿人物像，據説是從漢至明的文武功臣。清光緒三十年（公元一九〇四年）清政府撥款并派員監修，廟宇煥然一新，但將七間大殿改爲五間。大殿後面是更衣殿。

七二　遼寧北鎮閭山神廟後五進大殿

北鎮廟後五進建築坐落在石碑之後的工字形臺基上，周邊護以石雕欄杆。臺基上的頭一進建築御香殿，前有月臺，其後就是北鎮廟的五間正殿，再後有更衣殿、內香殿，均爲三間小殿。最後爲寢宮，又稱寢殿，面闊五間，進深三間，歇山式琉璃瓦頂。

七三　遼寧千山無量觀三官殿

千山無量觀又稱無梁觀，在今遼寧鞍山市東千山東北部，由道士劉大琳于清康熙六年（公元一六六七年）創建，爲東北著名道觀。三官殿是無量觀主殿，面闊五間，硬山式屋頂。檐廊柱用木雕雀替，梁枋上施彩畫。

七四　遼寧千山無量觀西閣鳥瞰

西閣素有小蓬萊西閣之稱，位于三官殿西南數十米處。石墻的門額上刻有『小蓬萊』三字。內又一牌樓式小門樓，上額刻『東來紫氣』四字。入門爲矩形鐘樓小院，南有一月亮門，名南天門。北邊一小門樓，進門樓是慈雲殿庭院。其中有六棟建築，成曲尺形布局。

七五　遼寧千山無量觀西閣慈雲殿

慈雲殿又叫觀音殿，即西閣的大殿，清康熙年間（公元一六六二至一七二二年）始建。面闊三間，硬山到頂，建築面積一百零四平方米。有前檐廊，額枋下透雕雀替。梁枋上施彩畫。灰筒瓦，正脊兩端有正吻，垂脊上有垂獸和走獸。東爲耳房，西爲客堂，庭院寬闊。

七六　遼寧千山無量觀老君殿

老君殿在無量觀建築群的東北隅，蓮花峰懸崖下的密松林間，是通往玉皇閣與夾扁石的必經之路。面闊三間，面積爲四十九平方米，木結構，單檐硬山式。有迴廊和透雕雀替，梁枋上施彩畫。正脊有游龍浮雕，有正吻。灰色筒瓦，檐頭有勾頭、滴水。殿東側是靜室。殿前有柏樹二株。爲清康熙年間栽植。殿後是密松林和懸崖峭壁。殿前開闊敞亮，小蓬萊西閣和群峰翠姿盡收眼底。

七七　遼寧千山無量觀玉皇閣

玉皇閣位于伴雲庵東，倚玉皇頂峰尖南側而建。一小間，歇山式，正脊上有正吻、筒瓦，檐頭有勾頭、滴水。東、西、南三面沿崖上用石築起半圓形墻，內充填石土墊平，鋪裝磚地面，周圍有護墻。閣建于宋代，爲千山最早的建築之一。站在這裏，可俯覽無量觀、祖越寺全景，時有白雲在閣下浮游，大有飄飄入仙境之感。

七八　遼寧千山無量觀祖師塔

塔，本是佛寺之物，在全真道主張三教合一思想主導下，借用了很多佛教的章法和器物。道教造塔，開始得比較晚，也不多。此石塔爲無量觀開山祖師劉太琳墓塔，道士們稱爲祖師塔。塔在無量觀入口處群塔的最上方，爲六棱形石塔，用本山所産粗粒花崗石築成，高約三米，古樸雅致。

七九　遼寧千山無量觀八仙塔

八仙塔位置在無量觀建築群的南端，即從溝口至無量觀中途的聚仙臺東，爲六面十一級密檐磚結構塔。塔門東西兩面有磚雕八仙像，後面畫有『萬古長春』四字。此塔建于清康熙年間。

八〇　遼寧千山五龍宫正殿

五龍宫在千山中溝中心，建于清乾隆年間（公元一七三六至一七九五年），後屢經擴建和維修。宫内有前殿、後殿、左右配殿和鐘樓。四周是高達五米的石墻，如一座孤城拔地而起，構成獨具風格的廟宇。有五座山從南、西、北三面蜿蜒而來，至宫前山突然收攏，成五龍戲珠之勢，因以爲宫名。正殿面闊五開間，帶前檐廊，單檐硬山頂。宫前有龍潭溪水，殿後爲峭壁絶峰，古木參天。宫前巨石，狀如卧牛。石牛腹下有月牙

井，長年有水，久旱不涸，俗稱五龍水。宮後的峰頂上，可以眺望老龍潭、石人溝的風光。

八一　遼寧千山五龍宮東配殿

東配殿臺基不高，三開間帶前檐廊，兩坡硬山頂建築。

八二　遼寧千山五龍宮西配殿

西配殿建于高高的臺基上，三開間帶前檐廊，兩坡硬山頂。

八三　遼寧瀋陽太清宮關帝殿

瀋陽太清宮又名太清叢林，在瀋陽市西順城街北口。建于清康熙二年（公元一六六三年）。初名三教堂，雍正九年（公元一七三一年）重修後更名太清宮。有房屋一百多間，四院五進。大殿前面的關帝殿，是座三間單檐歇山頂建築，臺基不高，殿身不大，出檐與翹角都很突出，頗具江南風韻。明間寬大，設置六屏門扇；次間窄小，祇能容單扇花窗。門窗裙板均彩繪雙龍。屋面的正吻、垂獸、走獸和筒瓦都是青灰色。檐下單翹斗栱，祇明間有兩朵平身科。平板枋寬厚，近似宋式普拍枋。圓潤的額枋，却都是烟琢墨石碾玉旋子彩畫，配以大紅柱子，顯得堂皇華貴。

八四　遼寧瀋陽太清宮玉皇閣

玉皇閣建于清光緒三十四年（公元一九〇八年），又名玉皇樓，殿內主要供奉玉皇大帝。閣位于最後一進，是一座面闊三開間、硬山雙坡頂，二層樓閣式建築。其東邊是三官殿、呂祖殿；西邊是郭祖殿、邱祖殿，都是三間兩層樓。玉皇閣的檐下没有斗栱，桃尖梁頭做成微微上曲的雙螞蚱頭，從飛檐椽，檐椽、挑檐桁、正心桁、平板枋、額枋到雀替，全是烟琢墨石碾玉金龍彩畫，金碧輝煌，象徵至尊。二層美人靠的護板和底層的挂檐是彩繪浮雕的梔子花和牡丹，隱喻富貴。挂檐下的垂板上是松鶴雲紋，雀替雕飾松、鶴，暗示仙道與長壽。

八五　遼寧瀋陽太清宮玉皇閣底層門扇裙板

太清宮玉皇閣底層三間十六扇門的裙板，彩畫了十六位仙人的法像，樹立了修道人的榜樣。

八六　吉林北山玉皇閣

吉林北山玉皇閣位于吉林北山攬轡橋東側，山上的綠樹叢中便是玉皇閣。玉皇閣建于清雍正三年（公元一七二五年），開山祖師寬真選址建造。山門前東西兩側有鐘、鼓樓，門前有十幾步臺階，山門兩次間有風、調、雨、順『四大天王』神像。

八七　吉林北山玉皇閣『天下第一江山』坊

山門裏面石階上正前方，有一座牌坊，四柱三間三樓，明間額枋的横匾上書『天下第一江山』，是一歌頌建州（今遼寧省新賓縣）女真發源地的牌坊，奉承清太祖努爾哈赤（公元一五五九至一六二六年）早期統一建州、創建八旗的活動。

八八　吉林北山玉皇閣朵雲殿

牌樓的北面是主殿朵雲殿，高二層。殿内樓上供奉着昊天金闕玉皇大帝銅坐像，兩側爲千里眼、順風耳的神像，墻上彩繪二十八宿神像。樓下供奉的是瓊霄、碧霄、雲霄三位娘娘。殿兩側是有硃漆柱廊的偏殿，右側院内一棵古松，蒼枝虬勁，生意盎然。

八九　吉林北山玉皇閣祖師廟

『天下第一江山』牌樓東的祖師廟，是閣中重要殿堂，面闊三間，雙坡硬山頂。門額上的『道參天地』匾是乾隆的真迹。堂正中供奉道教祖師老子，左側是佛教祖師釋迦牟尼，右側是儒教祖師孔子，兩側排開的是十六尊各行各業的祖師。儒道佛三教雜糅相處，共居一堂。

九〇　吉林北山關帝廟遠景

關帝廟始建于清康熙四十年（公元一七〇一年），是北山修建最早的廟宇。滿族人爲鎮九龍山的風水，在東峰前沿修建了關帝廟，內供奉滿族人頂禮膜拜的『關瑪法』——即忠義神威的關聖帝君關羽。關帝廟正殿三間，有捲棚抱廈，山花脊下有磚刻懸魚等，與漢族建築異工同趣。還有松風堂、暫留軒、翥鶴軒、觀渡樓、戲樓、鐘鼓樓等建築。現在該廟已改爲佛寺，主持該廟的是女尼。

九一　吉林北山關帝廟正殿

關帝廟在吉林北山是一座風水廟，前殿占據着九龍山前峰的山崖巔頂，奪得聲勢之魁。正殿爲雙坡硬山頂，剛正樸直。大殿前，建一座曲綫建築——外形捲棚，內爲軒頂的抱廈，柔和嫵媚，造型婀娜。

九二　吉林北山藥王廟

藥王廟建于清康熙三十一年（公元一六九二年），亦稱三皇閣，殿中主祀人皇軒轅氏（有《黄帝内經》、《黄帝外經》、《黄帝八十一難經》著述），以天皇伏羲氏（有陰陽、水火、四時、五行、六氣、六腑、八方等醫藥理論）、地皇神農氏（日嚐百草並有《神農本草經》著述）陪祀。正殿三間，東西配殿各三間，還有眼藥池、春江山閣、靈仙堂等。正殿前有捲棚頂抱廈，與關帝廟正殿相仿佛。

九三　吉林北山坎離宮

北山坎離宮，位于玉皇閣和藥王廟之間，係一青磚小院，建于光緒三十四年（公元一九〇八年）。正門兩側有兩個對稱的小門，儼然堂皇。院内的建築却限于地形，祇有三間正殿坐北朝南，東廂三間偏殿，西廂已無可建之地，祇好不求對稱。

九四　江蘇蘇州虎丘二仙亭

相傳，虎丘二仙亭是陳摶和呂洞賓的手談之地。樵夫觀一局棋的功夫，却發現手中的扁擔都朽爛了。好事者就在這裏建了一個亭。亭建于清嘉慶年間（公元一七九六至一八二〇年），亭内有兩塊石碑，碑上刻着二仙的白描肖像。亭子四根石柱上有楹聯：『昔日岳陽曾顯迹，今朝虎阜更留踪；夢中説夢原非夢，元裏求元還是元』。其中第一句是指元代馬致遠的雜劇《呂洞賓三醉岳陽樓》。在這千年佛寺的虎阜，竟然有一道教仙亭，足可見中國宗教的异趣。

九五　江蘇句容茅山道院九霄萬福宮遠眺

九霄萬福宮原名聖祐宮，在今江蘇省西南部茅山之巔。始建于西漢三茅真君飛升以後，最初是石壇、石屋，奉祀三茅真君石像。南朝齊、梁年間（公元四七九至五五七年）易石屋爲殿宇，宋太祖建隆元祐年（公元九六〇年）重建。元代延祐三年（公元一三一六年）敕建賜額『聖祐觀』，專祀大茅真君；明萬曆二十六年（公元一五九八年）敕建殿宇，賜名爲『九霄萬福宮』。亦有五殿、兩樓、六道院，另有道舍、客房。

九六　江蘇句容茅山道院九霄萬福宮靈官殿

九霄萬福宮坐北朝南，建于大茅山巔，每進庭院都是一不同高程的臺地。宮前臺地，爲寬闊的墁磚矩形庭院，東西長約八十米，南北寬約四十米，面積達三千多平方米。東西各有一座山門，東山門外額書『茅山道院』；西山門爲木結構，重檐歇山頂，面闊三間。庭院南側護以石欄，石欄外是陡崖絶谷。庭北是大紅宮墻護侍的單檐硬山頂的靈官殿。兩側墻壁之上分別書以『道炁常存』、『萬壽無疆』；檐下門楣上有『欽賜九霄萬福宮』石刻七字；高達四米多的護欄石梯前是一對石獅子和兩根木製旗杆。旗杆上各挂一面杏黄旗，一書『國泰民安』，一書『風調雨順』。

九七　江蘇句容茅山道院九霄萬福宮太元寶殿

太元寶殿坐落在兩米多高的臺地上，門前有十四步石階。面闊三間，進深八架椽，面積約二百平方米，爲九霄宮的主殿，也是宮裏的道士早晚誦經及日常舉行各種道教活動的場所。

九八　江蘇句容茅山道院元符萬寧宮

元符萬寧宮坐落在茅山積金峰南腰林木之間。茅山積金峰南腰處，幽洞怪石，山水秀美。唐、宋之季，多有道士隱居茅山，曾築潛神庵。宋朝皇帝又屢屢敕建宮觀。紹聖四年（公元一〇九八年）建元符觀。崇寧五年（公元一一〇六年）宋徽宗賜元符觀爲『元符萬寧宮』。

九九　江蘇蘇州玄妙觀山門

玄妙觀在今江蘇蘇州市中區，南臨觀前街。始建于西晋咸寧二年（公元二七六年），迄今已一千七百餘年。初名真慶道院，唐宋時更名開元宮、天慶觀。元至元元年（公元一二六四年）始名玄妙觀。由于戰火，現僅存山門、三清殿、雷尊殿、斗姆閣等四座建築。

山門爲北宋皇祐年間（公元一〇四九至一〇五四年）所建，乾隆四十年重修，門上匾題『圓妙觀』爲清末王召所書，因避皇帝玄燁之諱，故改『玄』爲『圓』。兩側有東、西脚門，門上分别題有『吉祥』、『如意』。

一〇〇　江蘇蘇州玄妙觀三清殿

三清殿于南宋初毁于兵火，南宋淳熙六

年（公元一一七九年）重建，迄今已八百多年。重檐歇山頂，屋脊兩端有一對宋代磚刻高達三·五米的大龍頭，正中有鐵鑄『平升三戟』四字。檐下斗栱龐大，頂部使用上昂斗栱，爲江南地區最大的宋代木構建築。殿寬九間，長約四六·一米；進深六間，闊約二五·五五米；總面積達一一二五平方米。殿高二五·一米，共有七十四根大青石柱。殿前上檐豎匾『三清殿』，下檐橫額書『妙一統元』。前有青石月臺，月臺三面石雕欄杆，欄板與臺基上的浮雕，仍存有五代和南宋的遺物。殿內天花板彩繪仙鶴、雲和『暗八仙』藻井，中間須彌座神臺高一·七五米，製作精緻，上供奉三尊宋塑三清泥像，姿態凝重。殿內有南宋寶慶元年（公元一二二五年）復製的唐代名畫家吳道子所繪的老子像石刻，畫像上並有唐玄宗李隆基的御贊和著名書法家顏真卿題字，是我國書法藝術瑰寶。

一〇一　浙江杭州抱樸道院

抱樸道院位于杭州西湖北岸葛嶺上。唐代始爲葛洪建造葛仙祠，元代遭兵火毁，明代重建，改稱瑪瑙仙居。清代復加修葺，稱抱樸道院。正殿爲葛仙殿，祀葛洪仙翁。東側有紅梅閣、抱樸廬和半閑堂，均爲重檐歇山頂木構樓閣，精巧别致。（攝影：王淑英）

一〇二　浙江杭州抱樸道院紅梅閣

杭州抱樸道院紅梅閣，兩層木構建築，面闊五間，底層明間、次間均爲隔扇門，上層四面開窗，充分顯示出中國傳統木構建築的空間特色。庭前樹影婆娑、湖石叠嶂，一派江南園林景色。

一〇三　浙江杭州抱樸道院葛洪煉丹井

抱樸道院周圍有葛仙庵碑、煉丹井、煉丹臺、初陽臺等，都是葛嶺的名勝古迹。丹井爲道教外丹所不可缺少的東西，説是作丹成淬火之用。

一〇四　浙江杭州玉皇宫遺址

杭州玉皇宫在杭州市西，位于西湖與錢塘江之間的玉皇山上。山高海拔二百三十七米，宋時在山頂建一座福星觀，又名玉皇觀，是臨安城的著名道觀。今遺址上的建築依稀可辨古景。

一〇五　福建莆田北宋道觀三清殿遺構

三清殿在今福建莆田縣城内兼濟河畔，原爲建于唐代的大型道觀玄妙觀的正殿，後觀毁。北宋大中祥符八年（公元一〇一五年）重修此殿，此後歷代屢有修葺，爲玄妙觀僅存的一殿。現存建築面闊七間，進深六間，重檐歇山頂，屋面和起翹都很平緩，用燕尾而無鴟尾。檐下斗栱補間鋪作衹一朵，雙抄三昂，出挑深遠，屬宋式鋪作。

一〇六　福建蒲田北宋道觀三清殿前檐廊

三清殿前檐出廊一間，徹上露明造，雖爲擡梁式結構、大式建築，但用材比較隨意，曲柱彎梁照常使用，一如南方民居手法。脊槫下皮有『唐貞觀二年敕建宋大中祥符八年重修明崇禎十三年屢次修葺□□□□』等字。

一〇七　福建湄州嶼媽祖廟

湄州嶼媽祖廟創建于北宋雍熙四年（公元九八七年），明洪武七年（公元一三七四年）擴建山門、鼓樓、香亭、寢殿。清康熙二十二年（公元一六八三年）重新擴建鐘鼓樓、梳妝樓等，規模壯觀宏偉。

一〇八　福建泉州天后宮山門

天后宮，俗稱天妃宮，在郡城南德濟門內，南宋慶元年間（公元一一九五至一二〇〇年）始建。天后宮的山門早就不見了，這個山門原是泉州市南鄰晋江縣學的欞星門，清代遺物。檐下是閩南慣用的青石雕龍柱，明間門旁浮雕麒麟，次間爲透雕螭虎八角窗。屋脊看似重脊之形，實際是正脊分成了三段，中部升高，這就多出來兩個正吻的位

置，并在金柱的前後方向上做出四條垂脊，這些做法的裝飾性特別强烈。

一〇九　福建泉州天后宮大殿

天后宮正殿爲清代木構建築，大木主體保存完好，面闊進深均爲五間，用圓形花崗岩石柱，花崗岩臺基高約一米，臺基四周陡板上浮雕着『鯤色化龍』、『八駿雲火』、『鶴舞雲中』；并襯飾暗八仙（葫蘆、古琴、如意、芭扇、拂塵、令旗、涼傘、寶蓋）以及各種花卉圖案。三重檐歇山頂，正脊兩端爲閩南民居上常見的燕尾做法，在正吻處不用龍頭，而用一條完整的跑龍。正脊通透，用彩色瓷片與琉璃砌築『二龍戲珠』。重檐的榑脊飾以飛禽、走獸、花卉、人物等。

一一〇　福建泉州天后宮天后殿前蟠龍柱

天后殿明間前一對青石檐柱上，圓雕升騰的蟠龍，張牙舞爪，栩栩如生。據傳爲清康熙年間（公元一六六二至一七二二年）雕成。

一一一　福建泉州老君造像

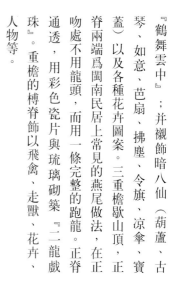

老君造像在泉州市北郊青源山右峰山麓，位于羽仙羅山、武山之下，爲宋代道教石刻。高五·一米，厚七·二米，寬七·三米，由一塊整石雕成。此地原有幾座道觀，建築早年傾圮，衹剩下這尊敦實寬厚的老君造像。老君露天而坐，兩腿一屈一趺；兩臂一扶左膝，一扶几案；胸前長髯飄灑；兩耳

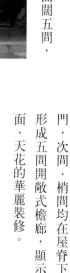

垂肩，雙目微合；若凝思道法，似遠眺細察；縱覽人世滄桑，弘揚乾坤大法。

一一二　福建蒲田黃石北辰宮山門

福建蒲田黃石北辰宮山門，面闊五間，進深兩間，平面爲分心槽。屋面重脊，于次間柱位置上多出四條戧脊，似多加一層屋面，使繁多的屋面雕飾有個穩定的基礎。前後檐下不作任何維護構件，除明間關雙扇門，次間、梢間均在屋脊下中縫作裝板墻，形成五間開敞式檐廊，顯示着純白石柱和屋面、天花的華麗裝修。

一一三　福建蒲田黃石北辰宮夾道

福建蒲田黃石北辰宮夾道，是受損之後近年重新修復的。夾道，高可避人，寬可行輦，在中國建築中很早就有應用。唐長安城，自大明宮到曲江池，沿着東城墻就建有一條夾道。北宋始建的成都草堂中，也有一條夾道。如今古夾道已不多見，此處是一例。

一一四　江西貴溪龍虎山嗣漢天師府二門

嗣漢天師府位于貴溪縣上清鎮的中部，大門臨溪而立，是一九九二年落成的鋼筋混凝土仿木建築。大門之後約五十米，是二門。二門有三間，是清同治四年（公元一八六五年）重建的。正額風字匾書『敕靈旨』三字，明間兩柱聯是：『道高伏龍虎，德重鬼神欽』。六扇門上畫着六位門神。明間檐下四朵平身科斗栱，次間爲三朵斗栱。二門兩山有耳房，二門內是甬道、古丹井、演法大堂。

一一五　江西貴溪龍虎山嗣漢天師府私第門

天師府私第門已不存在，照片爲清同治六年（公元一八六七年）修建的門房。門旁就是那副傲視江南、輕眇江西的對子：『南國無雙地，西江第一家』。

一一六　江西貴溪龍虎山嗣漢天師府私第影壁

影壁上的一幅山水花鳥畫，顯示出道教天師的生活追求：在山水花木之間，有四種動物，飛翔的鶴、攀登的猴、一群蜜蜂，兩隻奔鹿取其諧音爲：鶴（此地方言『鶴』音

『厚』）鹿（祿），蜂（封）猴（侯）。同時又可以解釋爲道法自然之意。

一一七　江西貴溪龍虎山嗣漢天師府天師殿

天師府私第分前、中、後三廳，前廳爲迎客廳後改爲天師殿。堂中懸挂墨龍穿雲圖和張天師畫像。中廳又名狐仙堂，以天溝與前廳搭接，又以磚墻、石門與之分隔。石門額書『道自清虛』四個大字，傳爲天師祀狐仙處。後廳爲用膳廳，廳堂中懸『壺天春永』匾額。整個天井，青石鋪地，四壁間雕梁畫棟，富麗堂皇。

一一八　江西新建縣西山萬壽宫山門

萬壽宫在今江西南昌西南的新建縣逍遥山（今稱西山）。萬壽宫山門爲牌樓式樣，磚石砌築，五間五樓，中部三間作拱門。明間拱門最爲高大；兩側梢間連接八字墻；額書『萬壽宫』三字，爲『皇清嘉慶丙寅歲孟秋月吉旦』，即清嘉慶十一年（公元一八〇六年）九月書。

一一九　江西新建縣西山萬壽宫高明殿

高明殿初名許仙祠。南北朝時，改祠爲游帷觀。宋代升觀爲宫，宋真宗御書『玉隆』二字賜爲匾額。宋政和六年（公元一一一六

年）徽宗詔令仿西京洛陽崇福宮重建，有六大殿、五閣、十二小殿、七樓、三廊七門，並親書『玉隆萬壽宮』匾額。元代全部焚毀。明代正德年間重建高明大殿，更名妙濟萬壽宮。清咸豐年間又被毀。現存建築爲七間重檐大殿，清同治六年（公元一八六七年）的遺物。同時重建的有前三殿、中三殿、後三殿，以及左側的文昌宮，右側的逍遥津，另有戲臺、山門等。爲江西著名大道觀。

一二〇 江西新建縣西山萬壽宮高明殿明間牌樓

高明殿是西山萬壽宮的主殿，坐落在雙重臺基之上，面闊七間，重檐廡殿頂。明間的處理手法很突出，把一座殿前單間三樓的牌樓與明間重合，使之兼有『門』的性格，使主入口顯得豐富多彩，整個建築也堂皇了許多。

殿前的御路已成爲一種不可少的裝飾。

一二一 江西新建縣西山萬壽宮高明殿斗栱

高明殿斗栱的處理也很特別，平身科衹一朵，用普拍枋，有意模仿宋式；大斗無凹，又純屬清式形制。柱頭科無大斗，直接從柱上伸出構件，形同幹枝；于翹頭出螭首昂。整個做法與北方不同，輕巧秀麗。

一二二 江西新建縣西山萬壽宮關帝殿

關帝殿在東院，雙重臺基，但臺基比較矮。面闊三間，重檐歇山頂，有副階周匝。兩側無廂房。

一二三　江西九江天花宮

九江南門湖和甘棠湖之間的大堤南端，有一群漂亮的建築，映着湖中倒影，上下生光，這就是九江天花宮。創建于清同治九年，占地一千一百平方米，有娘娘殿、娘娘亭等建築。娘娘亭高三層，十二米，平面六邊形，六面開窗，六角翹檐，遠觀通體玲瓏剔透，與三國時期東吳大都督周瑜的點將臺遺址——烟水亭遥相呼應。此處本是道觀，現由尼姑主持。

一二四　江西九江廬山仙人洞

仙人洞是廬山牯嶺西北的一個天然石洞，據説是八仙之一、唐代呂洞賓的修仙之地。洞深約十米，洞口略呈鐘形，高約七米。洞後一滴泉，池邊壁上有『天泉洞』、『洞天玉液』等石刻。洞口『佛手岩』爲宋寶祐三年（公元一二五五年）所刻。洞前即懸崖絶壁。洞北小路，名曰『仙路』，石壁上有『竹林寺』三字。據説此處原名佛手岩，明萬曆年間（公元一五七三至一八二〇年）有僧人在此建寺修行，到清嘉慶年間（公元一七九六至一八三〇年）改由道士主持，故更名爲仙人洞。

一二五　山東泰安岱廟

岱廟位于今泰安市城區的東北部，舊城南門前，直通泰山極頂古御道的中軸綫上，坐北朝南。岱廟南北長約四〇六米，東西寬約二三七米，總面積近九十六万餘平方米，約合一百六十市畝。岱廟也稱東岳廟，是泰山上下最大的古建築群。岱廟也稱東岳廟，是按照唐宋以來祠祀建築中最高級的標準修建的。采用了以中軸綫爲主、横軸綫爲輔的對稱布局形式。從岱廟南門外的遥參亭起，正陽門（南門）、配天門、仁安門、天貺殿、正寢宫、厚載門（岱廟後門）依次坐落在中軸綫上，形成四進院落。同時，兩側沿兩條横軸綫（東華門和西華門之間，延禧門和炳靈門之間）向横向擴展，形成了對稱的四個别院：西爲唐槐院（原延禧殿院）和雨花道院；東爲漢柏院（原炳靈殿院）和迎賓堂（即東御座）。乾隆三十五年（公元一七七〇年）重修岱廟，『凡神像、大殿以及各殿宇、廊廡、門垣全行拆改新修，次第具舉』。這最後一次皇家修建，莫定了今天岱廟的規模。

一二六　山東泰安岱廟坊

岱廟坊，清康熙十一年（公元一六七二年）山東布政使施天裔倡建。高十二米，寬九·八米，四柱雙挺于兩塊方形石座上，三間三樓歇山頂，正脊中央立一寶瓶，正脊端頭各有鴟吻。檐下斗栱承于額枋之上，四柱與額枋上雕刻龍鳳等祥瑞圖案。四柱夾杆石有石雕大獅子穩踞于上，周圍有小獅子攀登玩耍，姿態各异，形象生動。這是泰山上下石坊中的瑰麗之作。

一二七　山東泰安岱廟配天門

由正陽門進岱廟，迎面是配天門。其名取『德配天地』、『配天作鎮』之意。面闊五間，單檐歇山頂，上覆黄色琉璃瓦，椽枋彩繪。

一二八　山東泰安岱廟配天門明鑄銅獅

配天門前左右有一對明代鑄造的銅獅，一雄一雌；東邊是雄獅，西邊是雌獅；雄獅的右前爪按住一個綉球，雌獅的左前爪撫着一隻小獅，高大雄健，却又都活潑、安祥。

一二九　山東泰安岱廟仁安門

仁安門，名取『天下歸仁』和『以仁治天下，天下則安』之意。建築面積和形式與配天門相同。兩山曾以迴廊與天貺殿相連。東西各闢神門與前面的三靈侯殿、太尉殿相對。仁安門前是一對石獅。

一三〇　山東泰安岱廟宋天貺殿

岱廟的主體建築宋天貺殿，坐落在高大的臺基上。面闊九間（四三·六七米），進深五間（十七·一八米），高二十三·三米，副階周匝。檐柱下是覆盆柱礎。檐下斗栱爲單翅重昂七踩計心造，除廊子布置兩朵平身科斗栱，其餘各間都是四朵平身科。上覆黄色琉璃瓦重檐廡殿頂。梁、枋，闌額遍繪清式瀝粉金琢墨石碾玉彩畫。天貺殿前是寬敞的石砌大月臺。周圍石雕欄板，雲紋望柱，兩側有對稱的玉階。月臺中間，有一尊

明萬曆年間的鐵香爐，月臺東西各有一座御碑亭。天貺殿內東、西、北三面牆上有壁畫《泰山神啓蹕回鑾圖》。壁畫高三・三米，全長六十二米。壁畫最初傳爲宋代所繪，意爲宋真宗封禪泰山的浩蕩場面。現存壁畫是明清以來的復製品。

一三一　山東泰安岱廟御碑亭

天貺殿前月臺兩端各有六角形『御碑亭』一座。亭內是清高宗乾隆皇帝游泰山的手書詩碑。

一三二　山東泰安岱廟寢宮

出天貺殿後門，有高大的磚石甬道與後寢宮相通。後寢宮一字橫列，分爲東、中、西三宮。宋真宗封泰山神爲帝，同時詔封泰山神夫人爲『淑明后』，遂建後寢三宮以表祭祀。中寢宮面闊五間，長二三・一米，進深十三・二七米，高十一・七米，單檐歇山頂上覆黃色琉璃瓦。

一三三　山東泰安岱廟銅亭

東園石砌高臺之上矗立着一座鎏金銅亭，又名金闕，仿木鑄銅構件組成，是明代萬曆年間岱頂碧霞祠中所鑄之物，原內祀泰山奶奶銅像。明末，銅亭移至山下靈應宮，一九七二年移至岱廟。銅亭結構嚴謹，工藝精巧，面闊三間，進深三間，重檐歇山頂，仿木造型，惟妙惟肖，是我國現存爲數不多的銅鑄亭閣中的精品。

一三四　山東泰安岱宗坊

岱宗坊是位于原泰安城北一里、今泰山賓館旁紅門路上的一座石牌坊，是登泰山的起點。創建于明代隆慶年間（公元一五六七至一五七二年），後圮，清雍正八年（公元一七三〇年）重建，并由郎中丁皂保篆書『岱宗坊』三個大字。石牌坊爲四柱三間三樓，寬有一〇・〇四米，高達八・八米。檐下以方石代斗栱，四柱立于石砌方形臺基上。牌坊的石色微黄，不作雕飾，通體素石，簡明大方，却透出一種雄渾和力量。

一三五　山東泰山孔子登臨處坊

孔子登臨處坊是一座三間三樓的石牌坊。此坊創建于明嘉靖三十九年（公元一五六〇年），上邊的五字，是明朝人羅洪先所書。兩中柱上刻有對聯：『素王獨步傳千古，圣主遥臨慶萬年』。坊前兩側各有一碑。西爲明代人李復初題『第一山』，碑陰有篆體字『入雲有路』四字；東爲『登高必自』碑。

一三六　山東泰山紅門宫

紅門宫爲一座過街樓，下層爲石砌拱券，拱券正上方鑲嵌『紅門』石匾。二層是三間帶前檐廊的飛雲閣。飛雲閣前廊左側有石階與西院相通。飛雲閣西院是碧霞元君中廟，東院是彌勒院。紅門景點三座建築，形式不一，高低不同，又佛道有别，各有特點，但以飛雲閣爲主體建築的布局，主次分明，三者形成一個完整、統一的建築組群。

一三七　山東泰山斗姆宮

斗姆宮位于盤道東側臺地的一塊南北窄長地段上，古名龍泉觀，又名妙香院，創建無考，明代嘉靖年間重建。有北、中、南三個院落。中院臨山道的西墻闢山門，鐘、鼓二樓緊接西山門兩側而建，造型玲瓏秀麗，均爲捲棚歇山頂。山門西側兩旁有石獅一對，石質細膩油潤，造型極爲生動。

一三八　山東泰山斗姆宮斗姆殿

斗姆殿三間，硬山灰瓦頂，前出廊。雕梁畫棟，彩繪額枋。殿中原祀斗姆神和二十星君神像。傳説斗姆是北斗衆星之母，名爲先天斗姆大聖元君；神像有二十四個頭，四十八隻手，掌心有眼，俗稱千手千眼佛。

一三九　山東泰山中天門

中天門位于海拔八百餘米的黄峴嶺脊上。這裏是泰山南坡的一塊臺地。北望可見泰山主峰，南天門若隱若現，天梯高懸；南眺又見群峰低首，汶水如帶。登山到此，已升到半空，『蕩胸生層雲，决眦入飛鳥』。放眼四望，視野開闊，群丘俯首，岱岳偉岸。中天門古建築早圮，唯有修復過的中天門石坊（亦叫天門坊）凌空矗立。

一四〇　山東泰山南天門

南天門是泰山天梯的頂點，即飛龍岩和翔鳳嶺之間形如一門的埡口。蒙古（即元朝定名的前幾年）中統年間（公元一二六〇至一二六四年），有一道人在這兩峰夾持、一孔通天的險要之處建起樓閣，並名之曰摩空樓，成爲天險勝景。

一四一　山東泰山碧霞祠

碧霞祠坐落于泰山極頂前橫亘南北的一個臺地上。北、東峰巒未盡，東北即達極頂，南臨懸崖，西鄰天街，俯視南天門。盤道由東向西直抵碧霞祠的西神門，山門前設置的東西神門，成爲登臨極頂的門户。天門、碧霞、極頂，是一首和諧、昂奮的三步曲。明《重修碧霞宮碑》記載了這座高山宮觀的選址：『神廟在茲。日月之峰擁層巒之秀，左則岳頂之峻極，右則天門之開朗；歷選名勝之所，無逾此境之妙意者。』

一四二　山東泰山碧霞祠山門

五間高大的山門坐落在臺地前端，九脊歇山鐵瓦頂。明間門額上懸『碧霞祠』匾。兩盡間分設青龍、白虎、朱雀、玄武四尊擬人銅像，個個正襟危坐，二目圓睜，气勢威武。

一四三　山東泰山碧霞祠鳥瞰

碧霞祠建築沿南北軸綫對稱布置。南神門兩層，下爲石砌方形門洞，有石階可達南崖下火池、照壁；上層是三間歌舞樓，歇山捲棚頂。東西神門下爲石砌拱券門，上築閣樓三間。其北鐘、鼓樓均爲方形重檐五脊頂。山門内東西各立一清乾隆皇帝御碑亭。正殿五間，九脊歇山頂，上覆銅瓦三百六十壟。殿内供奉碧霞元君銅像，左右有送子娘娘和眼光奶奶銅像陪祀。配殿三間，爲硬山鐵瓦頂，有前檐廊；内祀『眼光奶奶』和『送子娘娘』銅像。院中有香亭，方形九脊

歇山黃色琉璃瓦頂，四周環廊，内祀泰山奶奶銅像。原來的銅亭搬下山後，纔建造的這個方亭。香亭南，東西各有一座銅碑，俗稱金碑，東爲明代萬曆四十三年（公元一六一五年）所立《敕建泰山天仙金闕碑記》，西爲明代天啓五年（公元一六二五年）所立《敕建泰山靈祐宮碑記》。銅碑南面各有一座銅鑄焚燒爐，西名『千斤鼎』，東稱『萬歲樓』。

一四四　山東泰山天柱峰

泰山極頂天柱峰，又稱玉皇頂，海拔一

五四五米，即歷代帝王登封祭祀、燔柴祭天、行告成禮之地。憶昔『古者封泰山禪梁父者七十二家』（管仲語），泰山文化之底蘊豐厚，流傳久遠。

一四五　山東泰山玉皇廟

玉皇廟是建在古登封臺的一座道觀，由山門、玉皇殿、迎旭亭、望河亭、東西配房組成的四合院。院中石欄内是極頂石碑。山門單間南向，石砌拱券。門額上嵌：『敕修玉皇頂』。玉皇殿三間，硬山灰瓦頂，有前檐廊。内祀明鑄玉皇大帝銅像。

一四六　山東泰山王母池

王母池位于中溪谷口，爲坐北朝南的三進院落，依山勢築臺地層層而上。前院有一水池、石橋，池西是王母泉，泉水清冽甘美。泉西臺地上是道舍，恰如『半潭秋水一房山』。王母池即傳說中西王母居住的瑶池，王母本是群仙之首，所以古來又稱王母池爲群玉庵。

一四七　山東泰山王母池王母宫

王母宫爲三間帶前後廊的正殿，内祀明鑄西王母銅像。東配殿三間，東有一觀瀾亭；西配殿三間藥王殿，原祀神醫扁鵲。殿前一叢老梅，枝繁葉茂。

一四八　山東泰山王母池悦仙亭

悦仙亭，俗稱會仙亭，據説是王母娘娘約會群仙説法的地方。四柱方亭，欄杆低矮。亭内原有清同治時泰安知府何毓福題匾：『瑶池小醉幾經年，金碧樓臺見不鮮，偶踏閑雲來岱麓，翻疑此地會群仙……』今挂在觀瀾亭中。

一四九　山東烟臺蓬萊閣

蓬萊閣位于山東蓬萊縣城北一公里的丹崖山頂。蓬萊，因爲有海市蜃樓，自古就被説成海上三仙山之一：海中有蓬萊、方丈、瀛洲三島，上有神人、長生不老之藥和金銀宮闕。秦皇、漢武都先後來此尋仙、覓藥。後來，『八仙過海』的傳説，也附會在這兒，遂被歷代傳爲仙境。蓬萊閣即緣此而建，坐落在水城北瀕海的丹崖山巔。丹崖拔海而起，通體赭紅，時有烟霧繚繞，形似雲中樓閣。

一五〇　山東烟臺蓬萊閣大殿

北宋嘉祐六年（公元一〇六一年）始建蓬萊閣，明、清均擴建重修。高十五米，雙層歇山，繞以迴廊，上懸『蓬萊閣』金字匾額。位于天后宫與三清殿之間的丹崖絶頂，雙層木構樓閣建築，坐北朝南，兩側前方築室如舫，各有石級可上二層，四周環以明廊，供游人憑欄遠眺。閣上原有『九萬青天，登梯得路；三千碧海，破浪乘風』楹聯一幅，道盡了高閣之氣勢。

一五一　山東青島嶗山太清宮山門

嶗山方圓共三百八十六平方公里，地處海濱，幽岩深谷，被説成是『神窟仙宅』。嶗山有九宮八觀七十二庵之説，太清宮是嶗山最早、最大的道教廟宇，爲群廟之首。自漢以來，歷朝都有著名道士主持。太清宮在今青島嶗山東南，前臨大海，三面環山。山門設在一塊臺地上，單間兩坡硬山頂，正脊兩端有吻。山墻頂上采用類如戧脊的裝飾方法，列上仙人走獸。正脊下是雙扇大紅漆板門。

一五二　山東青島嶗山太清宮三官殿

太清宮，又名下清宮，創建于二千多年前。據宮志記載，西漢武帝建元元年（公元前一四〇年），江西人上大夫張廉夫便隱居在此，自修茅庵一所，供奉三官大帝，名爲三官廟。三年後，再建廟宇供奉三清神像，改名太清宮。據明朝重修太清宮的碑文記載，宋太祖趙匡胤（公元九六〇至九七六年在位）爲華蓋真人劉若拙在此建立過道場，距今也有一千多年的歷史了。

一五三　山東青島嶗山太清宮神水泉

太清宮于明萬曆年間曾一度改建爲海印寺，後復建此宮，并有擴建。現存有三官殿、三清殿、三皇殿三院。三清殿前碧水一泓，名爲神泉水，長年不涸。

一五四　山東青島嶗山太平宮

太平宮在今山東嶗山東部上苑山北麓、仰口灣畔，初建于太平興國年間（公元九七六至九八四年），故名『太平興國院』，又稱上苑，是宋太祖爲名道士華蓋真人劉若拙敕建的道場。金明昌年間（公元一一九〇至一一九六年）重修，改稱太平宮。現存建築僅有三清殿、三官殿和真武殿三座。

一五五　河南濟源天壇山陽臺宮大羅三境殿

大羅天是道教三十六天中最高的天，三清境是道教最高的仙境，即玉清境、上清境、太清境。唐開元十五年（公元七二七年），玄宗李隆基專爲司馬承楨在此建陽臺觀，現存建築有元明風韵。大羅三境殿面闊五間，進深四間，單檐歇山頂，高高的臺基前有月臺。檐下斗栱布局頗具元風，除梢間爲一朵補間鋪作，餘皆兩朵。殿內外均爲方形石柱，柱上浮雕雲龍、仙人、山水、花鳥，造型生動，雕工精細，爲明代遺物。殿前古樹均爲唐司馬承楨所植，古柏森森，古意盎然。（圖版引自《中國古建築大系・道教建築》）

一五六　河南登封嵩山中岳廟遥參亭

登封城東八華里的中岳廟，位于太室山南麓，背依黄蓋峰，面對玉案山，西有望朝嶺，東有牧子崗，群山簇擁。現存殿、閣、宮、樓、亭、坊、臺等建築四百餘間，石刻碑碣十餘座，占地達三十七萬平方米。

遥參亭位于中華門内，重檐八角，金色

琉璃瓦頂，額枋和雀替上有透雕人物和戲曲故事。這座小亭，制式秀麗，構造精巧，是古時在岳廟門外拜謁岳神的地方，故名遥參亭。

一五七　河南登封嵩山中岳廟天中閣

天中閣是中岳廟的山門，建于明嘉靖四十一年（公元一五六二年），原名黄中樓。清代重建時，改名天中閣，高達二十餘米，面寬五間，進深三間，重檐綠瓦，彩枋紅柱，飛檐翹角，風格獨具。閣下闢三券拱門。門前一對高大的石獅，寬大的月臺，更襯托出天中閣雄偉高大，巍峨壯觀。

一五八　河南登封嵩山中岳廟配天作鎮坊

配天作鎮坊是一座木牌坊，明間額書『配天作鎮』。它原名宇宙坊，因古時稱中岳爲土神，當以地配天，清初重修時便改爲此名。坊爲三間五樓，廡殿頂，雕琢華麗。左右兩間分别書『宇宙』、『俱瞻』。

一五九　河南登封嵩山中岳廟崇聖門

崇聖門是一座五間兩層的木樓閣，底層明間爲過廳。

一六〇　河南登封嵩山中岳廟峻極門

峻極門又名將軍門，是中岳大殿的正門，正門兩側爲東、西掖門。這座大門建于金世宗大定年間（公元一一六一至一一八九年）。明崇禎十四年（公元一六四一年）失火燒毁。清順治十年（公元一六五三年）重建，乾隆年（公元一七三六至一七九五年）間重修。面闊五間，進深六架椽，歇山綠瓦，彩繪斗栱，是典型的清官式建築，爲中岳廟古建築群中極爲珍貴的建築之一。

一六一　河南登封嵩山中岳廟『崧高峻極』坊

崧高峻極坊屹立在峻極門内。坊爲四柱三間三樓，額書『崧高峻極』四個大字。坊檐別具一格，明間額枋與次間脊平，分別施九踩和七踩斗栱，黄色琉璃瓦蓋頂，彩繪額枋，是中岳廟中最秀麗的木構牌坊。

一六二　河南登封嵩山中岳廟峻極殿

峻極殿俗稱中岳廟大殿，紅墻黄瓦，是中岳廟的正殿，殿額匾書『峻極殿』。重建于清順治十年（公元一六五三年），重修于乾隆年間，并增飾彩繪和金妝塑像。彩繪天花板上的藻井，蛟龍捲鬚昂首，盤繞升騰，生動逼真，藻井的雕刻極爲精湛。峻極殿高達二十餘米，面闊九間，進深五間，面積爲九百二十平方米。正面中路石階，御路上浮雕着二龍戲珠和群鶴鬧蓮。

一六三　河南登封嵩山中岳廟峻極殿藻井

峻極殿的斗方藻井，用七鋪作斗栱升舉之後，改爲斗八井口，又由兩層斗栱舉至頂部八角圓光，中央一條昂首坐龍。龍，是峻極殿天花的主題，藻井圓光繪坐龍，梁枋枋心繪游龍，梁枋箍頭繪升龍，圍繞一個藻井有四十八條龍。

一六四　河南登封嵩山中岳廟岳神寢殿

岳神寢殿是一座黄色歇山頂、檐下有斗栱的大式建築，明憲宗成化十六年（公元一四八〇年）重建，清代乾隆元年（公元一七三六年）重修。殿中央供奉的天中王和天靈妃的塑像高約三米。

一六五　河南登封嵩山中岳廟御書樓

御書樓是中岳廟中軸建築的最後一座殿宇，建于明神宗萬曆年間（公元一五七三至一六二〇年）。原名黄籙殿，因宋神宗在殿中存有道籙。清代皇帝祭祀中岳廟的御文多刻于石上，存放殿中，故稱御書樓。

一六六　湖北十堰武當山金殿

金殿在今湖北十堰武當山天柱峰頂端，建于明永樂十四年（公元一四一六年）。是一座銅鑄鎏金，仿木構建築。全部銅質建築構件及殿中神像、屏風、銅案、匾額等均在北京分件預製，鑄成後，由運河運往南京，湖長江、漢水運至均縣，再擡上山頂組裝而成。金殿的面闊與進深均爲三間（闊四・四米，深三・一五米，高五・五四米）。重檐廡殿頂，上檐用重翹重昂斗栱，明間十朵平身科，次間僅兩朵；下檐用單翹重昂斗栱。圓形銅柱十二根，下作寶裝蓮花柱礎。殿內頂部作平棊天花，鑄淺刻流雲紋樣；額坊綫刻錯金旋子彩畫圖案，綫條柔和流暢。無論瓦作、木作構件，都是榫卯拼裝，結構精確，嚴絲合縫，時經五百多年的風雨雷電剝蝕，至今無懈可擊。殿基爲花崗岩砌築，平面略呈『凸』形，周圍有石雕欄杆。（圖版引自《中國古建築大系・道教建築》）

一六七　湖北十堰武當山紫霄宮龍虎殿與御碑亭

紫霄宮是武當山現存最完整的建築群之一，位于展旗峰下，海拔八〇四米，坐北朝南，依據山勢，由低而高分臺築成，是一座頗具特色的山地宮殿。紫霄宮創建于北宋宣和年間（公元一一一九至一一二五年）。到明嘉靖三十一年（公元一五五二年）已擴大到八百六十間。現存建築一百八十二間，建築面積八五五三平方米，建築及遺址占地面積有七萬四千平方米。

龍虎殿是紫霄宮山門，又稱爲前殿，創建于明永樂十年（公元一四一二年），面闊三間，進深四架椽，平面爲分心槽。殿內的青龍、白虎神像爲元代雕塑。外設八字墻，檐下有斗栱，懸山屋頂。門前有龍池、石橋。山門內上一臺地，布置歇山重檐的御碑雙亭，位于一般宮觀鐘鼓樓的位置，既保持了入口的宏闊形象，又强調了御碑亭的顯赫位置。

一六八　湖北十堰武當山紫霄宮朝拜殿

朝拜殿（即十方堂）爲紫霄宮中軸綫上第二進殿，明永樂十年（公元一四一二年）建。現存殿爲面闊三間，進深二間，平面爲分心槽，懸山建築，擡梁木構架。殿門兩側建有八字墻，墻上飾琉璃瓊花、珍禽圖案，墻下爲琉璃須彌座。殿右現存一座歇山頂琉璃化香爐，坐于石雕須彌座上。

一六九　湖北十堰武當山紫霄宮正殿

明成祖朱棣于永樂十年（公元一四一二年）敕建玄帝大殿，賜名太玄紫霄宮，爲紫霄宮正殿。正殿依據山勢，高踞于三重臺地上，有三重護欄，狀若三重高高的臺基。重檐歇山頂，面闊五間，進深五間，紅墻綠瓦，兩廂配殿自山上逶迤至山下，圍合成半山坡、半坪壩的一座大院。殿内供奉玉皇和靈官，是一座典型的山地宮觀。

一七〇　湖北十堰武當山南岩宮石殿

南岩宮，全稱大聖南岩宮，在南岩，海拔九六四・七米。此地峰奇崖峻，古木森森，上臨天廷，下接淵府；利用山頭、埡口、峭壁、岩洞等絶險之地建造宮觀、亭臺、山門等建築，與環境融爲一體。自元代至元二十二年（公元一二八五年）至泰定五年（公元一三二八年）建宮。元末大都毀于兵火。現存石殿創建于元至元二十三年（公元一二八六年），石構仿木建築（梁柱、桁椽、斗栱、門窗均爲青石雕鑿的仿木構件，榫卯拼裝），歇山頂，石瓦屋面，後倚山岩，前出廊廈。面闊三間九・七七米，進深三間六・六五米，高六・八五米，建築面積七十一平方米。

一七一　湖北十堰武當山玉虛岩岩廟

岩廟位于今湖北十堰武當山九渡澗北岸的玉虛岩上，爲武當山規模較大、保存完好的道教岩廟。據元代碑文記載，玉虛岩爲玄帝（真武帝）往來修真之所。該廟始建于元泰定元年（公元一三二四年）。明代大建武當時，這裏是大本營。現存玉虛岩諸廟宇，多係晚清重修，供奉真武大帝及雷部諸神。原有五百靈官泥塑造像，姿態各异，惜今衹餘存幾十尊。玉虛岩以真武大帝得道被封爲『玉虛師相』而得名，爲武當山三十六岩之一。岩廟建于山岩凹洞中，居九渡澗南岸，巉岩壁立，怪石嶙峋，澗谷萬樹參天，澗水清流，恰如臨凡仙境。清乾隆十年（公元一七四五年）一場大火，焚毁玉虛岩大部地面宮觀殿宇，唯此岩廟幸存。（圖版引自《中國古建築大系・道教建築》）

一七二　湖南衡陽南岳廟魁星閣

南岳廟位于南岳衡山下的南岳鎮，總面積爲九萬八千五百平方米。魁星閣是廟內一座古戲臺。臺上的藻井中有一條木雕盤龍，形若騰雲駕霧、凌空嬉珠，故又名盤龍亭。在藻井四壁上，彩繪八仙，或坐或立，形態生動。戲臺四周的欄板爲石刻戲文，臺口兩邊石柱上有木雕的蒼松白鶴。魁星閣的石砌臺基，高二米，四面有門，內呈十字形通道。閣爲重檐歇山頂，檐下施斗栱，爲清光緒八年（公元一八八二年）重修之物，是湖南保存最完整的一座古戲臺建築。前面有一對二米多高的石麒麟，兩側爲鐘鼓樓和放生池。

一七三　湖南衡陽南岳廟御碑亭

御碑亭爲木構建築，呈扁長八角形平面，重檐一字脊。八角亭内又砌築四面紅墻，各有一拱門。上檐施斗栱，檐角挂魚尾鐵鐘，風動鐘鳴，清脆有韵。亭内有清康熙四十七年（公元一七〇八年）立的御製青石碑。碑高四·六米，重約四千斤。上刻清聖祖玄燁所書《重修南岳廟碑記》，二百九十字，楷書，字體端莊。碑座贔屓，長三·二米，寬二米，係一整塊青石鏤鑿而成。石碑頂上有淺浮雕二龍戲珠。

一七四　湖南衡陽南岳廟聖帝殿

南岳廟正殿名聖帝殿，重檐歇山頂，面闊九間，硃漆木雕板門。殿前月臺長三十五·三米，寬五十四米，殿高約二十三米，内外共有七十二根石柱，以寓南岳七十二峰。檐柱徑八一八毫米，殿内柱徑九七一毫米。明間檐柱由整塊花崗石雕鑿而成，柱高六米，重達二萬八千斤。其餘的七十根圓柱均由兩塊巨石豎接而成。殿正中漢白玉神臺上龕内，是南岳司天昭聖帝像，高五·六米，莊嚴慈祥。

一七五　湖南衡陽南岳廟聖帝殿正脊

南岳廟聖帝殿是以龍鳳裝飾多而精美著稱的。南岳七十二峰中的最高峰是祝融峰（又名赤帝峰），海拔一二九〇米。聖帝即祝

融，乃南方火神，曾以火攻助商湯滅夏桀。他教民用火，以火熟食，以火取暖，舉火驅獸，化育萬物，是一位深受百姓愛戴的和善神仙。平時祝融把火都隱藏于地下，他升天後，地火失去控制，南海龍王來滅火，點撥八百條有道行的蛟龍，鑿通了通往南海的水道，纔控制住火勢。這八百條龍就都留在了南岳廟。聖帝殿正脊上的大小陶龍均呈金色，大龍三米多，小龍不足一尺。屋脊正中重達千斤的青銅鎏金　葫蘆，高達三米；兩端正吻上的青銅寶劍的劍柄長達一米。整個屋頂金光熠熠。

一七六　湖南衡陽南岳廟聖帝殿明間隔扇門

南方气候温和，没有嚴格的防寒、防風的需要，不用板門，而用隔扇門。隔扇門裝飾性極强，上部鏤花窗格富于韵律感，下邊的裙板又有各不雷同的祥瑞圖案。

一七七　湖南衡陽南岳廟聖帝殿明間挂檐木雕

聖帝殿雕刻很多，臺基欄杆的望柱上雕刻着各種形態的獅、象、麋鹿；欄板上的浮雕多取材于《山海經》上的神話、歷代傳奇故事以及各種祥瑞圖案。門窗、挂檐、額枋、雀替等處的木雕，取材于《二十四孝》和其他歷史故事、戲曲和神話，如：大禹治水、女媧補天、張良進履、蘇武牧羊、鐵拐李游方、李太白醉酒等等。圖中明間挂檐是鏤空木雕的八仙過海。

一七八　湖南衡陽南岳廟聖帝殿屋架

聖帝殿内的石柱間，有八隻木雕彩鳳展翼蹁躚于梁柱之間；又有八隻木雕五彩繽紛的花籃，托架着梁桁。似乎是不經意地幾點筆墨，却使殿内煥發异彩。

一七九　廣東廣州市五仙觀

五仙觀在今廣州市惠福西路坡山，始建年代不詳，據史載，北宋時此觀在十賢坊，南宋後期及元代遷往西湖藥洲，明洪武十年（公元一三七七年）遷今址。它是標志廣州別名羊城、穗城的一處古迹。觀内現存山門及明代大殿各一座，大殿前後壁間嵌有北宋至清末的石碑十多方，記載此觀歷次修建、變革情況。其中北宋政和三年（公元一一一三年）張勵撰的《廣州重修五仙祠》碑載有：古時『有五仙人，皆手持穀穗，一莖六出，乘羊而至，仙人之服與羊各异色，爲五方。既遺穗與廣人，仙人忽飛升而去，羊化爲石。廣人即因其地爲祠祀之』，故名五仙觀。

一八〇　廣東佛山祖廟臨街牌坊

祖廟位于廣東省佛山市内，始建于北宋元豐年間（公元一〇七八至一〇八五年），明洪武五年（公元一三七二年）重修。因居佛山諸廟之首，故稱祖廟。祖廟經歷代修築，成爲占地三千多平方米的大型建築群。整座建築群體由七部分組成，布局嚴整，主次相稱，雄偉壯觀。現今，除鐘鼓樓和靈應牌樓外，主要建築有：前殿、慶真樓、錦香池、萬福臺等。廟宇的建築設計，既繼承了唐宋時期傳統手法，又富有獨特地方風格。

臨街牌坊，四柱三間三樓，明間寬大，上下額枋間的橫匾上有『祖廟』二字，字體渾圓有力。牌坊兩邊各有一座欞星門廂配，顯得寬闊，也是獨有的特色。

一八一　廣東佛山祖廟紫霄殿

紫霄殿是主體建築，內祀北帝。大殿前後的庭院中，分別築有一個大雨篷，不設門扇。在無阻隔的空間陳設着大量精美供品：明代鐵鼎，是嶺南脫蠟鑄件的代表作；金漆透雕屏風精美玲瓏；黑漆貼金神臺，是百年來優秀木雕工藝品，刻有一百二十六個人物，描畫了『荊軻刺秦王』、『李元霸伏龍駒』、『薛剛反唐』等故事。有趣的是雕塑中雜有洋人被打翻在地的形象。據記載，這組木雕創作于光緒二十年（公元一八九五年），是由著名的費山黃廣華木雕作坊第二代傳人黃秋濤所作。

一八二　廣東佛山祖廟紫霄宮內景

紫霄宮內正面神龕中，供奉着真武帝銅像，爲明景泰三年（公元一四五二年）鑄造，重達五千多斤。神像一手撫膝，一手拽着玉帶，正襟危坐，顏面安祥，正在接受殿內兩班十八位文武天神的朝拜，造型自然，優美傳神，恰是古代帝王朝班的真實寫照。

一八三　廣東佛山祖廟紫霄宮内雕漆金屏

紫霄宮内的雕漆金屏擺在左後金柱旁。紫霄宮的前後檐下，不設門扇，空間開敞，光綫充足、均勻，貼金透雕异常醒目。在不設門扇的大殿内，雕漆金屏不僅代替了門扇起到分隔内外空間的作用，而且有了它最好的擺設位置。雕漆金屏，畫面貼金，龍獅祥舞，仙人逸樂，紫芝遍野，鮮華庇天，好一派喜瑞祥和的景象。

一八四　廣東佛山祖廟靈應牌樓

祖廟大殿前有一大型方沼，沼前便是靈應牌樓，三間八柱四樓，用的是雙排柱，明間用重樓。在牌樓左右，各有一座三樓單券磚拱門，以爲呼應。纖巧透空的牌科（斗栱）使得雙排柱的牌樓輕盈很多，不失南國風格。

一八五　廣東佛山祖廟萬福臺——戲臺

萬福臺在廟南，建于清順治十五年（公元一六五八年），爲廣東僅存的一座古戲臺。其原名華封臺，光緒年間，因慈禧六十壽辰，改稱萬福臺。臺高二米多，寬約十二米，琉璃綠瓦頂。還有四個供演員進出的門，又以精美鏤金、玲瓏剔透的木雕大屏風，把整座戲臺分隔成前臺和後臺兩部分。整個建築設計巧妙，技術精湛，裝飾工藝尤爲精巧、華麗。

一八六　廣東羅浮山沖虛古觀

沖虛古觀在今廣東博羅縣羅浮山東麓朱明洞南，初稱『都虛』。沖虛古觀是東晉葛洪在嶺南修道、煉丹、著書立說的故址。觀前有一池湖水——白蓮湖，一片古木樹林，左右有象山、獅峰，以環境美學的觀點看來，確是一塊寶地。沖虛古觀是道教的『第七洞天、第三十一福地』。歷代屢經兵火，清代重修。現存爲一座古色古香的院落，正殿三開間，內有葛洪像。

一八七　廣東羅浮山沖虛古觀葛仙寶殿

東晉咸和年間（公元三二六至三三四年），葛洪弃官了道，到羅浮山創建東、南、西、北四個庵，并在南庵（又稱都虛觀）修道煉丹，采藥服食，著書立說，從而開創了嶺南的道教。葛洪尸解後，晉安帝義熙初年（公元四〇五年）置葛洪祠，唐玄宗天寶年間（公元七四二至七五六年）擴建爲葛仙祠，並設置守祠人家。北宋元祐二年（公元一〇八七年）哲宗賜『沖虛觀』匾額。自此，歷代香火不斷，影響日廣。

一八八　廣東羅浮山沖虛古觀三清寶殿

沖虛古觀坐北朝南，祇一進院子和東邊一個偏院。進山門便見三清寶殿，這裏供奉着道教始祖元始天尊、靈寶道君和太上老君的泥胎金身塑像和六位仙尊。左偏殿是客

堂，內有相傳葛洪煉丹時曾取水用的長生井。偏院有兩進房子，前邊是呂祖寶殿，後邊是葛仙寶殿。

一八九　廣東羅浮山沖虛古觀屋頂裝飾

沖虛古觀屋面平緩，起翹不大。屋脊雕飾頗似閩南屋面的模樣，正脊中央的雙龍戲珠以及反映神仙傳説、歷史典故的殿脊雕塑，是清代佛山石灣著名陶工吳奇玉精心塑製的。檐角起翹不大，屋脊不用燕尾。建築風格和諧統一，既有北方建築平和、穩重的氣質，又具南方建築通透、輕盈的風格。封檐板上的木雕亦極精緻，其色彩也和瓦當滴水相協調。

一九〇　廣東羅浮山沖虛古觀三清寶殿三清像

三清，是道教對玉清、上清、太清的合稱，既是指最高仙境，又指最高神位。三清天、三清境，是神仙所居的最高境界。大羅生『玄、元、始』三炁化爲三清天，一是清微天玉清境，始氣所成；二是禹餘天上清境，元氣所成；三是大赤天太清境，玄氣所成。原始天尊居清微天玉清境，稱玉清；靈寶天尊（太上道君）居禹餘天上清境，稱上清；道德天尊（太上老君）居大赤天太清境，稱太清。這三清，爲三洞教主，統御三天、三仙境和諸天神。三清殿是道教宮觀中的主要殿堂之一。

一九一　澳門特別行政區媽閣廟

媽閣廟是澳門最古老的建築，在半島的東南部媽閣山上，創建于明弘治元年（公元一四八八年）。它是半島上最大的宮觀，又是澳門最大的中國廟宇，包括大殿、弘仁殿、觀音閣等建築。廟内既祀奉海神媽祖，又供奉觀音大士。

一九二　澳門特別行政區媽閣廟大殿

澳門媽閣廟建在山脚，受地形的制約，無法展開布局，沿山地隨坡就勢形成緊湊的安排。媽閣廟牌坊之後，是山門和大殿，一殿一個臺地，一臺一臺地上升。

一九三　四川成都青羊宮山門

青羊宮在今成都市西能惠門外、百花潭北岸，占地面積約十二萬平方米，是成都現存最大最古的道教宮觀，著名的道教叢林。相傳老子化胡西游時，曾牽青羊路過此地，于是有了古青羊肆，後改青陽觀。因唐皇封老子爲『太上玄元皇帝』，故升觀爲宮。明末毁于兵火，現存殿宇建于清代康熙、乾

隆、嘉慶時期。

青羊宮山門建于明代，坐北朝南，五開間，兩側前出爲長二十米、高四米的八字墻，重檐翹角，琉璃瓦頂，脊飾二龍戲珠，檐間高懸清乾隆年間成都令安洪德所題『青羊宮』三字匾額。

一九四　四川成都青羊宮三清殿

三清殿又名無極殿，建于清康熙七年（公元一六六八年），清光緒元年（公元一八七五年）重建。面闊五間（三十五米），進深五間（三十米），建築面積約九百餘平方米。用石圓柱二十八根，木圓柱八根建造。青瓦屋面，殿前有月臺。殿内供奉貼金泥塑三清尊神像，左右各六尊金仙。殿中有長九十厘米、高六十厘米銅羊一對，俗稱青羊。造型美觀，色如赤金，閃閃發光。一隻爲單角，造型奇特，爲十二屬相化身，另一隻爲雙角，均爲不可多得的道教文物。

一九五　四川成都青羊宮八卦亭

三清殿和混元殿之間的中軸綫上，是青羊宮古建築群中最著名的八卦亭，現存建築是清同治十二年至光緒八年間（公元一八七三至一八八二年）重建的。八卦亭八角形。以亭作爲中軸綫上的主殿，確實是道教建築的創舉。成都青羊宮的八卦亭，用得最爲隆重、得體。亭爲八角重檐，上作盝頂，亭内

外十六根石柱，分立于圓形、八邊形兩重臺基上，下邊又是一層更寬闊的正方形臺基。三重臺基隱喻『天圓地方、陰陽相生、八卦相合』之意。亭高二十米，寬十四・一米，四周無壁，衹設龜紋花隔扇門和雲花鏤窗。南向臺基爲月形石門坎。御路的位置上有太極圖、十二屬相和八卦的石刻圖案。

一九六　四川成都青羊宮八卦亭外檐蟠龍石柱

八卦亭的主體結構，全用石柱支撑，屋架爲木構，木件與石柱之間采用傳統的木構榫卯結合。老角梁與立柱之間，用木雕雲紋板斜撑。外檐八根蟠龍石柱，雕鏤精細，金龍姿態生動，如游、如翔，如出海、如入雲；升龍、降龍，柱柱祥瑞。屋面上用黄、緑、紫三色琉璃瓦覆頂；八根琉璃鏤空花飾方磚戧脊，如虹似霞；戧脊尾端各盤一條琉璃紫金龍。整座亭共雕有八十一條龍，以喻老君八十一化之數。

一九七　四川成都青羊宮唐王殿

唐王殿又名紫金殿，居青羊宮建築群的最後部，地處青羊宮的制高點，建于高臺之上。高兩層，面闊三間，爲一樓閣，重檐歇山頂。一層原供奉唐朝開國皇帝李淵夫婦塑像，二層有老子騎牛出關像，可惜，現均已不存。

一九八　四川灌縣青城山天師洞

天師洞即古常道觀，在今四川灌縣青城山腰第三混元頂峭壁間。古常道觀原爲黄帝祠，隋改名延慶觀，唐時改稱常道觀，宋代更名昭慶觀，又稱黄帝祠。現存殿宇重建于清末，占地面積七千二百平方米，建築總面積五千七百平方米。含有青龍殿，白虎殿，靈官殿，三清殿，古黄帝祠，天師殿，三皇殿等十五處。（攝影：王皓敏）

一九九　四川灌縣青城山建福宮

建福宮位于青城山麓，丈人峰下，始建于唐代，稱丈人觀，宋改名建福宮。傳爲五岳丈人寧封子修道處。清光緒十四年（公元一八八八年）重修。占地面積二一〇〇平方米，建築總面積一一九六平方米。現有兩院三殿，含有山門、下殿、上殿及廂房等處。院内有古木假山、委心亭；宮右有明慶符王妃梳妝臺等古迹；宮前有小溪，終年不涸。（攝影：王皓敏）

二〇〇　四川灌縣青城山上清宮

上清宮在今四川灌縣青城山巔高臺山之陽。始建于晉，唐玄宗時重建，五代前蜀王衍重修，明末毀于戰火。現存建築爲清同治八年（公元一八六九年）至清末期間陸續建成。占地五千平方米，建築面積達四千二百多平方米。有三官殿，北樓，南樓，玉皇樓，道德經堂，齋堂等八處建築。大殿奉祀李老君像。（攝影：王皓敏）

二〇一　四川灌縣青城山圓明宮

圓明宮始建于明代萬曆年間。占地面積四千平方米，建築總面積一九五〇平方米。圓明宮内包含靈祖殿、老君殿、斗姆殿、三官殿四重，居于一條正對寶圓山的中軸綫上。（攝影：王皓敏）

二〇二　四川三臺雲臺觀『乾元洞天』拱券門

雲臺觀位于三臺縣南九十里的安居鄉雲臺山上，創建于宋紹熙年間（公元一一九〇至一一九四年）。雲臺觀拱券門，是明萬曆年間（公元一五七三至一六二〇年）用城磚建造，檐下施雕磚斗栱。門額書『乾元洞天』，門旁的對聯是：『乾元福地人間少，茅屋雲臺天下無』。

二〇三　四川三臺雲臺觀青龍白虎殿

三臺雲臺觀的青龍白虎殿踞于高臺之上，面闊三間，單檐懸山屋頂，前面兩厢是長達九間的二層樓，面對『乾元洞天』拱券門，背靠玄天殿，前呼後擁，氣勢恢宏。這裏竟成了雲臺觀的主庭院。

二〇四　貴州鎮遠青龍洞道教宫觀

青龍洞是泛指鎮遠城東一大片依山臨水的古建築群。它東靠中河山，西臨㵲陽河。中河山爲㵲陽河東南岸一座長約三百米、高約八十米的石崖，崖上洞穴較大的有青龍洞（古稱太和洞或南洞）、紫陽洞和中元洞（古稱中河洞或北洞）以及圍繞着這三窟石洞的古建築群，都是從明弘治、嘉靖以來陸續建造起來的。占地二萬一千平方米，現存的二十五幢房屋，總建築面積三千九百平方米。建築物與懸崖、溶洞、古木、藤蘿融爲一體，儒、道、釋、俗匯于一堂；重叠起落，參差不齊，順坡臨洞，縱橫有致，方庭曲園，小徑石梯，真法自然之仙境。

二〇五　貴州鎮遠青龍洞山門

青龍洞始建于明代，到清光緒年間，陸續增修，形成山門、正乙宫、吕祖廟、觀音殿、斗姆宫、玉皇閣等道教宫觀。現存的有青龍洞牌坊、靈官廟、吕祖殿、保山殿、半亭、觀音殿和玉皇殿等七座建築。山門爲建于半山的四柱三間牌樓，明間竪匾石刻草書『青龍洞』三個金字。坊後山道向右上行，即青龍洞；向左，可達紫陽洞。

二〇六　貴州鎮遠青龍洞

青龍洞主洞口敞開于懸崖絶壁處。玉皇殿緊貼洞口，凌空建造，爲重檐廡殿頂；前半部爲木構建築，後半殿堂就是岩洞。這種自然空間與人爲空間的巧妙結合，確實是神來之筆、天衣無縫。

二〇七　貴州鎮遠紫陽洞

紫陽洞又稱紫陽書院，位于中河山石崖中段的上部，地勢險要。南連青龍洞，北接中元洞，前臨萬壽宫。山門是一座三間三樓的牌坊，楣上横書『紫陽洞』三字，門兩側楹聯爲『潕水無雙福地，黔山第一洞天』。過山門，從南到北依次建有考祠、老君殿、聖人殿。這原是明嘉靖九年（公元一五三〇年）知府黄希英所建的『朱（熹）文公祠』舊址，明末倒塌，清康熙十一年（公元一六七二年）重修。後又毁于戰事。現存建築爲光緒初年所建，是一座兼及儒道的宫觀。

二〇八　貴州鎮遠紫陽洞老君殿

老君殿是紫陽洞的主殿，爲三重檐歇山頂的四層樓閣，建于石臺中段石岩邊緣上。殿閣的前半懸出岩外，底層外檐柱落在下一層石岩上，形如底層架空。它利用山崖之險處，建造巍峨的樓閣，創造了人居空間。

二〇九　雲南昆明西山龍門坊

『龍門』爲達天閣門額上的題字。達天閣龍門坊，在海拔兩千一百米高的山崖上鑿成，是以原有山石，雕成仿木梁架、屋頂、出檐、斗栱、額枋、圓柱，塗金敷彩，而成山門。（攝影：解建才）

二一〇　雲南昆明西山三清閣石坊

三清閣石坊外面額題『羅漢崖』，裏面額曰『三清境』，沿石階北折而上至三清閣。這石坊，記述着羅漢崖幾百年的滄桑。照片是從裏邊看到的三清境石坊，緊逼羅漢崖、面臨滇池的態勢。（攝影：解建才）

二一一　雲南昆明西山三清閣

『南崖上下，如蜂房燕窩，纍纍欲墮者，皆羅漢寺南北庵也』（見《徐霞客游記》）。徐霞客所説的羅漢寺，就是後來的三清閣，也就是現在小賣部的茶室。相傳這裏原來是元代梁王避暑宮舊址，後改建爲凌虛閣、玉皇閣，元末毀于兵火。至明洪熙、宣德年間重建，改稱海涯寺、羅漢寺。後來改爲道觀三清閣。依崖面海，絶壁臨淵，這裏就是『半壁起危樓，嶺如屏，海如鏡』之所在。（攝影：解建才）

二一二　雲南昆明西山龍門達天閣

達天閣爲石室，寬、深各約五米。室設三個拱門，正門頭額曰『達天閣』、『天臨海鏡』。左右側門頭額爲『名山』、『石室』。橫額之上的石龕中，老君端坐，旁有小童捧果、執拂塵。（攝影：解建才）

二一三　雲南昆明西山龍門達天閣石室

石室内的神龕、神像、壁雕、香爐、花瓶、雲紋、仙桃、白鶴、門洞、楹聯、碑刻，都是就天然岩石鏤空而成，渾然一體。（攝影：解建才）

二一四　雲南昆明鳴鳳山三天門

昆明城東十五里有鳴鳳山（又名鸚鵡山），群山拱立，是雲南以太和宮爲中心的道教名山。從山脚開始向上有三座『天門』，相距約二三百米。三天門三間三樓，近旁有兩座小亭，三面圍合成半封閉的小院，有如已經到宮觀前之感。（攝影：解建才）

二一五　雲南昆明鳴鳳山金殿（太和宮）山門

金殿在雲南昆明市東北郊的鳴鳳山（鸚鵡山）上，因主殿係青銅鑄造，熠熠生輝，耀眼奪目，故名。原金殿建于明萬曆三十年（公元一六〇二年），爲雲南巡撫陳用賓仿湖北武當山金殿樣式鑄造的北極真武殿，外圍築太和宮、紫禁城。圖爲金殿的山門，即紫禁城的城門，下有門洞，上有城樓，非一般的山門可比。（攝影：解建才）

二一六　雲南昆明鳴鳳山太和宮金殿

明崇禎十年（公元一六三七年）巡撫張鳳翩將原銅殿移往賓川雞足山。現存金殿爲清康熙十年（公元一六七一年）吳三桂駐昆明時仿建的。脊桁上有『大清康熙十年，歲次辛亥，大呂月，十有六日之吉，平西親王吳三桂敬築』等字。殿高六・七米，面闊與進深均約六・二米，平面呈方形，圓柱十六

根，作寶裝蓮花柱礎，重檐歇山屋面，整個建築和殿內的真武帝君造像、神壇、香爐、經幢等，均用青銅鑄造，重約二百噸，爲全國最大的銅殿。（攝影：解建才）

二一七　雲南昆明鳴鳳山三豐殿山門

太和宮右的三豐殿，原名環翠宮，單層三開間，單檐歇山頂。殿前月臺寬闊，高出地面約一米，形同庭院。入口石梯旁，豎一矩形石碑，正面刻有張三豐白描全身像。張三豐是一個飄渺不定的傳說人物，主張三教合一。（攝影：解建才）

二一八　雲南昆明鳴鳳山三清殿

這是一座單檐歇山頂、面闊三間的建築，有前檐廊。臺基比較高，殿前有月臺。（攝影：解建才）

二一九　雲南昆明五老山黑龍潭龍泉觀牌坊

黑龍潭位于昆明北郊十二公里的五老山山麓。據傳，早在漢時此地即建有黑水祠，元初重建，後毀于兵難，明時修葺、擴建，是一座水旱必禱的龍王廟。山門前是四柱三間三樓的牌坊，額書『紫極玄都』。（攝影：解建才）

二二〇　雲南昆明五老山黑龍潭龍泉觀玉皇殿

龍泉觀有上、下觀之分，玉皇殿位于上觀内。上觀建有山門、祖師殿、玉皇殿、三清殿等建築。圖爲玉皇殿外觀。（攝影：解建才）

二二一　陝西華陰玉泉院賀祖殿

華陰玉泉院在今陝西華陰縣華山北麓的谷口，爲登華山的必經之處。北周武帝年間（公元五六〇至五七八年在位）于華山谷口建雲臺觀。清代乾隆時重修，改稱玉泉院。

賀祖殿位于玉泉院中路中軸綫上，面闊五間，明間和次間均設四扇隔扇門，兩梢間開窗。前檐廊寬闊，彩畫額枋，兩坡屋面硬山到頂。殿前小院有一道矮墻，月亮門正對明間，悠然一景。

二二二　陝西華陰玉泉院希夷祠

玉泉院創建于北周武帝宇文邕年間（公元五六〇至五七八年在位）。武帝最重儒術，宗教方面以兼禮佛道、先道後佛，拜茅山道士焦曠（字道廣）爲師。爲此于華山起造白雲宫、太平宫，并于華山谷口建雲臺觀，就是如今玉泉院的位置。北宋初年，著名道人陳摶三次朝拜宋太宗趙炅，太宗賜號希夷先生。陳摶仙逝後，他的弟子們在雲臺觀内建希夷祠，并將雲臺觀改稱玉泉院。清代曾多次擴建希夷祠，以示紀念。希夷祠爲玉泉院正殿，由東厢寮房和西厢客堂圍合成正院；希夷祠臺基略高，前檐廊寬敞，彩畫額枋，雙坡懸山屋頂，素脊兩端若有燕尾，儉樸莊重。

二二三　陝西華陰玉泉院石舫

院內希夷洞有清泉一股，泉水清洌甘美，故名玉泉；就以此爲院名。院內建有一座石舫，北方風格，自與江南園林中的亭、廊、樓閣式的石舫异趣。

二二四　陝西華陰玉泉院含清殿

含清殿是一座單檐硬山頂、三開間的木構建築，兩山與『長廊七十二窗』相連。殿前院落寬闊，古木蒼勁，山石散漫，樹影婆娑，是不園之園。

二二五　陝西華陰玉泉院通天亭

通天亭在玉泉院後，爲一座重檐攢尖頂的古亭。此地是『華山谷口』，即上華山古道起點。

二二六　陝西周至樓觀臺説經臺山門

樓觀臺位于今陝西省周至縣境内，縣城東南十五公里的終南山北麓，距古長安城七十公里，南依終南，北俯渭水，東望驪山，西接太白，與西岳華山一脉相連。樓觀臺始建于周代，初稱草樓觀、紫雲樓。相傳東周時代、春秋晚期，大思想家李聃（即老子，也就是神話中的太上老君）入秦，到關中，曾在草樓南高崗築臺講授《道德經》五千言，故稱説經臺。現存建築爲清康熙二十年（公元一六八一年）重建。

説經臺山門南向，額懸『説經臺』匾一方。

二二七　陝西周至樓觀臺説經臺靈官殿

靈官爲仙，有五百之衆。靈官爲人世道官，官階八品，可是宮觀中都有他的地位。樓臺觀的靈官殿，祇是一間單層的硬山小殿，但爲追求氣派，在前檐加建一抱廈。捲棚歇山頂，中間加一道金剛墻，歇山山花跨過金剛墻頂，搭在硬山屋頂上。前後、上下、直綫與曲綫，都能平穩過渡，自然銜接。從而使小殿豐滿、活潑，獨處不孤，虚實相顧，亦絶無『僭越』之嫌。

二二八　陝西周至樓觀臺老子祠山門和鐘、鼓樓

説經臺是一塊山間臺地，老子祠就建在這塊臺地上。山門立于臺地前沿，勢如崖頂建關。山門三開間，硬山頂，檐下爲四鋪作單昂斗栱，坐于普拍枋上。次間兩朵平身科。明間匾書『洞天福地』。山門内兩側有兩層歇山頂的鐘、鼓二樓。

二二九　陝西周至樓觀臺老君殿

說經臺頂正中爲老君殿，單檐歇山頂，面闊三間，進深六架椽，平面近方形。四椙木構梁架，東西北三面有青磚墻圍護。屋頂九脊均塑有游龍和仙人走獸。明間檐下匾額横書『配極元都』四個金字。正面三間設雕花隔扇門，下邊是高高的臺基。殿内祀奉老君，左右有尹喜、徐甲陪祀。

二三〇　陝西周至樓觀臺斗姥殿

斗姥是北斗衆星之母，又稱先天道姥天尊。斗姥殿在說經臺後山坡下，單檐歇山頂，面闊五開間。明間和次間用空花隔扇門，梢間開窗，兩側無配殿。

二三一　陝西華陰西岳廟欞星門

西岳廟自漢至清，經過兩千餘年的發展，今遺存是清乾隆年間敕修西岳廟的規模，占地約十一萬八千餘平方米。西岳廟坐北朝南，面向華山主峰。總平面布置爲矩形，有内外兩重圍墻，外圍是高大的城墻，並有角樓。城墻東西寬二百二十五米，南北五百二十五米，高八米，頂寬四米，底寬五米八，横斷面呈梯形。頂部外側原有垛口，爲明初所建。正前方還建了一個與正面同寬、深僅二十米的瓮城。瓮城城門是一歇山頂的三券拱門，名曰『灝靈門』。瓮城内的

城門，是在三洞拱券門，上有兩層歇山頂的城樓，稱『午門』，或稱『五鳳樓』，僅存遺址。內城墻形同一般的院墻，保存較好，前有欞星門，內有金城門。

欞星門是并列分立的三座單間一樓的歇山頂建築，中門高七・一一米，略高大，以示主次。檐下作如意斗栱，斗栱間有九支昂嘴，精雕成九隻張牙立目的龍頭，故有俗稱欞星門爲九龍口的。

二三二　陝西華陰西岳廟『天威咫尺』坊

『天威咫尺』坊是西岳廟中最大的石牌坊，約建于明萬曆年間（公元一五七三至一六二〇年）。它將一百三十米長的庭院空間，從中軸綫上一分爲二，削弱了空曠感，豐富了空間。石牌坊四柱三間五樓，枋柱之間用榫卯結合。上層枋間有匾書『尊嚴峻極』，下層枋間的匾額有『天威咫尺』四個大字，字體蒼勁。牌坊的所有構件，脊飾、屋頂、額枋、立柱、夾杆石、抱鼓石和坊礎石臺上，滿是雕刻的飾件。有仙人走獸、八仙慶壽、宮廷行樂、二龍戲珠、雙鳳朝陽、獅子滾綉球、鯉魚跳龍門以及三皇、跑龍、團龍、麒麟、瑞獸、天馬、奔鹿、牡丹、蓮花等等。雕作采用了圓雕、透雕、高浮雕、淺浮雕和綫雕等幾乎全部石雕手法。

二三三　陝西華陰西岳廟金城門

金城門即正殿之門，面闊五間，進深六架椽，單檐歇山頂，石砌臺基。檐下斗栱落在平板枋上，不依常法布置，明間三朵平身科斗栱聯綴成一體，三隻坐斗同落在平板枋的枋心段。次間的兩朵平身科占據中部不足三分之一平板枋。梢間也是兩朵平身科斗栱，一朵置于梢間正中，另一朵却置于半間平板枋的三分之二處。

二三四　陝西華陰西岳廟灝靈殿

灝靈殿，單檐歇山頂，上覆黄色琉璃瓦，檐下是高大白石柱廊，面闊七間，進深十二架椽，平面爲金厢斗底槽，正身七間帶副階周匝。前有月臺，臺前有兩石吏侍立左右。這裏既是祭祀岳神的場所，也是帝王行宫。灝靈殿與後部寢宫、左右司房，組成一個小院，寢宫與東西司房之間，有低矮的抄手游廊相聯，形成宜人、寧静的環境，自然得體。

二三五　陝西華陰西岳廟八角亭

灝靈正殿軸綫兩側原曾排列着三對碑亭。有歷代祭謁西岳廟的記行碑、名人詩詞碑、太華全圖碑、乾隆敕修西岳廟圖碑等。現存在灝靈正殿前院兩側有體量較小的兩對御碑亭和八角攢尖亭，兩厢呼應，從兩側圍合出灝靈殿前的院落空間，且在與灝靈殿的對比中，托襯出主殿的雄偉氣勢。

二三六　陝西華陰西岳廟『蓐收之府』坊

蓐收，少昊之子。少昊在東方建國之後，又到西方長留山建國，由蓐收掌管一萬二千里的地方。父子兩人都在西岳廟中接受香火。『蓐收之府』是四柱三間三樓的石牌坊，其雕刻手法與創建時間與『天威咫尺』坊相同。『蓐收之府』石牌樓立在萬壽閣前的梯級平臺上，是萬壽閣門前的一個標志。

二三七　陝西西安八仙宮靈官殿

八仙宮原名八仙庵，庵前有『長安酒肆』碑，旁刻『呂純陽先生遇漢鐘離先生成道處』。北宋晚期，于長安長樂坊始建八仙庵，後有元、明屢次重修、擴建，明正德年間（公元一五〇六至一五二一年）已是西北較大的一座全真道宮觀。靈官殿面闊五間，硬山兩坡頂，明間用木雕花鹵圖案隔扇門。門邊兩楹書寫着金色大字楹聯。次間開窗，梢間青磚墻。明間後檐墻也闢一門。殿前是鐵鑄長方形香爐一尊，上書：『扶正壓邪、安穩諸方』的對聯，橫批『靈官殿』。

二三八　陝西西安八仙宮八仙殿

八仙殿是八仙宮的主殿，面闊五間，明間用六扇空花隔扇門，次間與梢間各用四扇空花隔扇門。明間門楣上懸挂清光緒二十六年（公元一九〇〇年）八國聯軍侵入北京，慈禧、光緒逃到西安時的匾額『寶籙仙傳』。殿前放置鐵鑄寶塔煉丹爐一尊，并有鐵鑄長方形大香爐一尊。

二三九　陝西西安八仙宮斗姥殿

斗姥殿或曰斗姆殿，面闊五間，前檐廊用紅漆木柵欄遮護，兩棵古柏屹立殿前，鐵鑄矩形香爐上鑄『福祐三秦』四個字。右山墻內側立有道光十一年（公元一八七一年）『八仙庵十方叢林碑記』石碑一方。左右兩邊墻頭上有百壽圖、百福圖碑石各一副。前檐廊的四個紅漆圓木紅柱上，懸挂着兩副金色大字的楹聯。

二四〇　寧夏中衛高廟

始建于明英宗正統年間（公元一四三六至一四四九年），後經歷代增修擴建，到了清朝已頗具規模，形成一座前寺後觀的宗教建築群。高廟前邊是保安寺的山門和單檐懸山頂的大雄寶殿，經殿後二十四級臺階而上，就是高廟的南天門，再後則是牌樓、天池、中樓，最後是高達三層的五岳廟。這座廟利用逐層升起的臺地，推出了主體建築，龐大的建築群有條有理，循序自然，神佛相安，寺觀得趣。（圖版引自《中國古建築大系・道教建築》）

中國美術分類全集

中國建築藝術全集

第15卷 道教建築

圖書在版編目（CIP）數據

中國建築藝術全集. 第15卷，道教建築／楊嵩林編著. 北京:中國建築工業出版社，2002

（中國美術分類全集）

ISBN 7-112-04653-X

I.中… II.楊… III.①建築藝術－中國－圖集②道教－宗教建築－建築藝術－中國－圖集 IV.TU-881.2

中國版本圖書館CIP數據核字（2001）第048669號

中國建築藝術全集編輯委員會 編

本卷主編 楊嵩林

出版者 中國建築工業出版社

（北京百萬莊）

責任編輯 王玉容

總體設計 雲 鶴

本卷設計 萬 力

印製總監 楊一貴

製版者 北京利豐雅高長城製版中心

印刷者 利豐雅高印刷（深圳）有限公司

發行者 中國建築工業出版社

二〇〇二年十二月 第一版 第一次印刷

書號 ISBN 7-112-04653-X / TU · 4212(9046)

國內版定價三五〇圓